YIKOUQI DUDONG CHANGSHI CONGSHU

U0632545

一口气读懂

电子常识

本书编写组◎编

世界图书出版公司
广州·上海·西安·北京

图书在版编目（CIP）数据

　　一口气读懂电子常识／《一口气读懂电子常识》编
写组编．—广州：广东世界图书出版公司，2010.4（2021.11 重印）
　　ISBN 978 - 7 -5100 - 1541 - 0

　　Ⅰ. ①—… Ⅱ. ①—… Ⅲ. ①电子学 - 青少年读物
Ⅳ. ①TN01 - 49

　　中国版本图书馆 CIP 数据核字（2010）第 059251 号

书　　　名	一口气读懂电子常识	
	YI KOU QI DU DONG DIAN ZI CHANG SHI	
编　　　者	《一口气读懂电子常识》编写组	
责任编辑	刘上锦	
装帧设计	三棵树设计工作组	
责任技编	刘上锦　余坤泽	
出版发行	世界图书出版有限公司　世界图书出版广东有限公司	
地　　　址	广州市海珠区新港西路大江冲 25 号	
邮　　　编	510300	
电　　　话	020-84451969　84453623	
网　　　址	http://www.gdst.com.cn	
邮　　　箱	wpc_gdst@163.com	
经　　　销	新华书店	
印　　　刷	三河市人民印务有限公司	
开　　　本	787mm×1092mm　1/16	
印　　　张	13	
字　　　数	160 千字	
版　　　次	2010 年 4 月第 1 版　2021 年 11 月第 8 次印刷	
国际书号	ISBN　978-7-5100-1541-0	
定　　　价	38.80 元	

前　言

电子学是一门以应用为主要目的的实用科学,它的应用范围非常广泛。电子学应用于工业,可以极大地提高现代工业的劳动生产率,电子技术与机械相结合产生了各种类型的数控机床、机械手或机器人,产生了由它们组合起来的全自动化的生产线。电子学应用于农业,可以给农业带来很大的好处:气象对农业至关重要,用无线电和雷达可以搜集局部地区的气象资料;专用的气象卫星可以定期播发全球各地区的大范围云图;计算机可以用于气象情报处理并作出预报。电子学还应用于教育,可以为教育的现代化提供很多新的技术,收音机、录音机、电视机、录像机等多媒体手段在教育中已相当普遍,电子语言教室、程序教学机器、电视教育卫星等已相继问世。由于知识更新换代的速度越来越快,终身教育已为大部分人所接受,以电子技术为核心的开放式学校,在整个教育体系中占的比重将会越来越高……

目前,人类社会正进入一个新的发展时代,这是一个以信息的急剧膨胀为主要特征的时代,一场以信息技术为主流的技术革命已经兴起,推动这一转变的正是电子学的最新成就,尤其是微电子技术。人们今天广泛谈论的三"A"革命(即工厂自动化、办公室自动化、家庭自动化)以及三"C"革命(即通信、计算机、控制),也都是建立在电子学基础上的。正因为如此,许多国家把发展电子学,特别是微电子技术,作为自己的重要国策之一。

随着电子电器的普及和发展,我们的生活也随之跨入了电子时

一口气读懂电子常识

代。作为一个现代人，掌握电子知识不仅是前卫的象征，更是时代的需要。中国加入世界贸易组织（WTO）之后，我国的电子信息产业得到了迅速发展，大量时尚前卫的电子词汇涌入我们的视野，譬如数码3G等等，令人目不暇接。这些高科技的电子产品正日益走进千家万户，走进每个人的生活。如果没有选购方面的电子知识，市场上琳琅满目的电子产品会让你头晕目眩、难以抉择；如果没有工作原理方面的电子知识，你就不会明白这些巴掌大的小玩意儿怎么会有如此神奇的功能；如果没有安全方面的电子常识，你很可能在使用这些产品的过程中因为无知造成事故；如果没有维护保养方面的电子常识，你花重金购来的"宝贝儿"很可能缩减寿命或者"命丧你手"。总之，只有掌握必要的电子常识，你才能成功地与电子产品打交道，你才能在电子时代得心应手、轻松愉快地生活。

　　本书共分六章，分别为电子学基础概念；各种通信工具的使用与维护；日常家用电器的使用与保养；数码产品的简介、选购及维护；电脑的简介、选购及维护；基本网络知识介绍。本书主要从日常生活和实用角度出发，尽量避免空洞的理论说教，希望青少年朋友能从中收获一些与您的生活息息相关的电子常识，为您的生活排忧解难。

　　由于编者知识水平和经验有限，书中难免会有不妥之处，敬请广大读者朋友批评指正。

目　录

电子学概述篇

一口气读懂电子常识

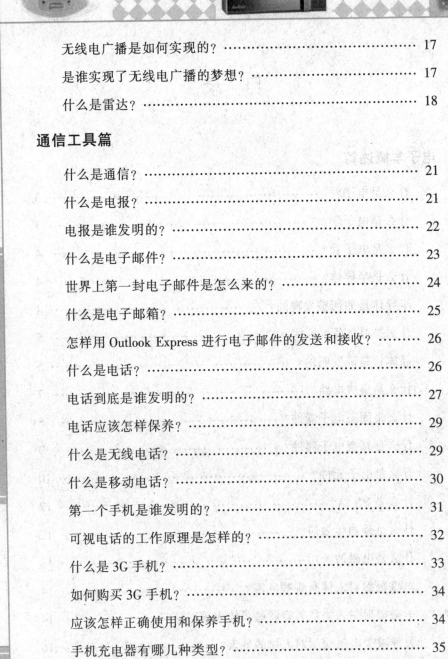

通信工具篇

一口气读懂电子常识

一口气读懂电子常识

一
口
气
读
懂
电
子
常
识

一口气读懂电子常识

电脑基础篇

一口气读懂电子常识

一口气读懂电子常识

一口气读懂电子常识

一口气读懂电子常识

电子学概述篇

什么是电子?

物质的基本构成单位是原子,原子是由电子、中子和质子组成的。其中电子带负电,中子不带电,质子带正电,原子对外不显电性。相对于中子和质子组成的原子核,电子的质量则显得极其微小,质子的质量大约是电子的 1840 倍。

电子是一种基本粒子,目前无法再分解成更小的物质。电子的直径是质子的 0.001 倍,质量为质子的 1/1840。电子通常排列在原子的各个能量层上。当原子互相结合成为分子时,在最外层的电子便会由一个原子移至另一个原子或成为彼此共享的电子。

电子是在 1897 年由剑桥大学的约瑟夫·汤姆生教授在研究阴极射线时发现的。

"电子"的名称是由爱尔兰物理学家乔治·丁·斯通尼于 1891 年起的。

什么是电子学?

电子学是一门以应用为主要目的的科学。它是一门研究电子的特性、行为和电子器件的物理学科。电子学涉及的科学门类很多,包括物理、化学、数学、材料科学等。

电子学是以电子运动和电磁波及其相互作用的研究和利用为核心发展起来的。电子在真空、气体、液体、固体和等离子体中运动时产生的许多物理现象,电磁波在真空、气体、液体、固体和等离子体中传播时发生的许多物理效应, 以及电子和电磁波的相互作用的物理规律,合起来构成电子学研究的主要内容。电子学不仅仅致力于这些物理现象、物理效应和物理规律的研究,还致力于这些物理现象、物理效

应和物理规律的应用。电子学具有非常鲜明的应用目的性,这是电子学的重要特点之一。

什么是电子管?

电子管是一种在气密性封闭容器(一般为玻璃管)中产生电流传导,利用电场对真空中的电子流的作用,以获得信号放大或振荡的电子器件。电子管早期广泛应用于电视机、收音机等电子产品中,近年来逐渐被晶体管和集成电路所取代,但目前在一些高保真的音响器材中,仍然使用电子管作为音频功率放大器件。

电子管在电器中用字母"V"或"VE"表示。

什么是半导体?

半导体指常温下导电性能介于导体和绝缘体之间的材料。半导体在收音机、电视机以及温度测量上有非常广泛的应用。

物质存在的形式是多种多样的。我们通常把导电性和导热性比较差的材料,如金刚石、人工晶体、琥珀、陶瓷等称为绝缘体。而把导电、导热性能都比较好的材料,如金、银、铜、铁、锡、铝等金属称为导体。而介于导体和绝缘体之间的材料,我们可以简单地称其为半导体。与导体和绝缘体相比,半导体的发现是最晚的,直到20世纪30年代,当材料的提纯技术改进以后,半导体的存在才真正被学术界所认可。

半导体是如何被发现的?

1833年,英国的巴拉迪首次发现硫化银的电阻随着温度变化的情况不同于一般金属。一般情况下,金属的电阻随温度升高而增加,但巴拉迪发现硫化银材料的电阻却是随着温度的上升而降低。这便是半

一口气读懂电子常识

导体现象的首次发现。

1839 年，法国的贝克莱尔发现：半导体和电解质接触形成的结在光照下会产生一个电压，这就是后来人们熟知的光生伏特效应，这是半导体的第二个特征。

1874 年，德国的布劳恩观察到某些硫化物的电导与所加电场的方向有关，即它的导电有方向性。在它两端加一个正向电压，它是导电的；如果把电压极性反过来，它就不导电，这是半导体的整流效应，也是半导体所独有的第三个特性。同年，舒斯特又发现了铜与氧化铜的整流效应。

1873 年，英国的史密斯发现硒晶体材料在光照下电导增加的光电导效应，这是半导体的第四个特性。

半导体的这四个特性虽在 1880 年以前就被先后发现了，但半导体这个名词一直到 1911 年才被考尼白格和维斯首次使用。而半导体的这四个特性一直到 1947 年 12 月才由贝尔实验室总结出来。

什么是晶体管？

晶体管（transistor）是一种固体半导体器件，可用于检波、整流、放大、开关、稳压、信号调制等。晶体管作为一种可变开关，基于输入的电压，控制流出的电流，因此晶体管可用作电流的开关。和一般机械开关（如 Relay、switch）不同的是：晶体管是利用电讯号来控制，而且开关速度非常快，在实验室中的切换速度可达 100 吉赫兹以上。

晶体管是谁发明的？

1947 年 12 月，美国贝尔实验室的肖克莱、巴丁和布拉顿组成的研究小组，研制出一种点接触型的锗晶体管，这宣告了晶体管的问世。

一口气读懂电子常识

5

晶体管是 20 世纪的一项重大发明，是微电子革命的先声。晶体管出现以后，逐步取代了体积大、功率消耗大的电子管。晶体管的发明也为后来集成电路的降生吹响了号角。

晶体管的发明最早可以追溯到 1929 年，当时的工程师利莲费尔德已经取得一种晶体管的专利。但是，限于当时的技术水平，制造这种器件的材料达不到足够的纯度，无法把这种晶体管制造出来。

由于电子管处理高频信号的效果不怎么理想，人们就设法改进矿石收音机中所用的矿石触须式检波器。在这种检波器里，有一根和矿石（半导体）表面相接触的金属丝（像头发一样细并且能形成检波接点），它既能让信号电流沿一个方向流动，又能阻止信号电流向相反方向流动。在二战爆发前夕，贝尔实验室发现掺有某种极微量杂质的锗晶体的性能不仅优于矿石晶体，而且在某些方面比电子管整流器效果更好。

在二战期间，不少实验室在有关硅和锗材料的制造和理论研究方面都取得了很好的成绩，这为晶体管的发明奠定了基础。

为了克服电子管的局限性，二战结束以后，贝尔实验室加紧了对固体电子器件的基础研究。肖克莱等人决定集中研究硅、锗等半导体材料，探索用半导体材料制作放大器件的可能性。

1945 年秋天，贝尔实验室成立了以肖克莱为首的半导体研究小组，成员有布拉顿、巴丁等人。布拉顿早在 1929 年就开始在这个实验室工作，长期从事半导体的研究工作，有非常丰富的经验。他们经过一系列的实验观察，逐步明白了半导体中电流放大效应产生的原因。布拉顿发现，在锗片的底面接上电极，在另一面插上细针并通上电流，然后让另一根细针尽量靠近它，并通上微弱的电流，这样就会使原来的

电流产生很大的变化。这就是"放大"作用。

布拉顿等人还想出有效的办法来实现这种放大效应。他们在发射极和基极之间输入一个弱信号,在集电极和基极之间的输出端,放大为一个强信号。在现代的电子产品中,上述晶体三极管的放大效应得到了广泛的应用。

巴丁和布拉顿最初制成的固体器件的放大倍数仅为 50 倍左右。不久之后,他们利用两个靠得很近(相距 0.05 毫米)的触须接点,来替代金箔接点,制造了"点接触型晶体管"。1947 年 12 月,世界上最早的实用半导体器件终于宣告问世,在首次试验时,它能把音频信号放大 100 倍左右。

该怎么为这个器件命名呢?布拉顿想到它的电阻变换特性,即它是靠一种从"低电阻输入"到"高电阻输出"的转移电流来工作的,于是给它取名为 trans-resister(转换电阻),后来缩写为 transister,中文译名即晶体管。

1956 年,肖克莱、巴丁、布拉顿三人因发明晶体管而同时荣获诺贝尔物理学奖。

什么是集成电路?

集成电路是一种微型电子器件。集成电路是采用一定的工艺,把一个电路中所需的晶体管、二极管、电阻、电容和电感等元件及布线互连在一起,制作在一小块或几小块半导体晶片或介质基片上,然后封装在一个管壳内,成为具有所需电路功能的微型结构。其中所有元件在结构上已组成一个整体,这样,整个电路的体积就大大缩小了,而且引出线和焊接点的数目也大大减少,从而使电子元件向着微小型化、

一口气读懂电子常识

低功耗和高可靠性方面迈进了一大步。

　　集成电路具有体积小、重量轻、引出线和焊接点少、寿命长、可靠性高、性能好等优点，同时成本很低，便于大规模生产。它不仅在工、民用电子设备，如收录机、电视机、计算机等方面得到广泛的应用，同时在军事、通讯、遥控等方面也得到广泛的应用。

　　集成电路在电路中用字母"IC"（有时也有用文字符号"N"等）表示。

什么是固态电子器件？

　　固态电子器件是利用固体内部电子运动原理制成的，具有一定功能的电子器件。固体一般可分为绝缘体、半导体和导体3类。半导体的电学性能容易受各种环境的因素，如掺杂、光照等的控制，容易制成电子功能器件，因此绝大部分的固态电子器件都是用半导体材料制成的，有时也称为半导体电子器件。半导体中可移动的带电粒子分为电子、空穴和离子3类。电子是带负电荷的粒子，空穴是带正电荷的准粒子，离子可带负电荷也可带正电荷。离子导电的半导体在导电过程中容易产生本身成分的化学变化，因此不宜作电子功能器件。电子导电的半导体简称N型半导体。空穴导电的半导体简称P型半导体。锗、硅半导体材料中掺入微量的磷、砷或锑就成为N型半导体；掺入微量的硼、镓或铝，就成为P型半导体。N型半导体和P型半导体连接起来就形成一个PN结。PN结是许多固态电子器件的基本单元结构。PN结具有整流特性，通电流时，一个方向的电阻很小，另一个方向的电阻很大。反向偏置时，PN结还可和一个电容器等效。

　　固态电子器件是20世纪40年代发展起来的。30年代固体电子

论的发展和四五十年代锗、硅材料工艺的进展,奠定了后半个世纪固态电子器件飞速发展的基础。1947 年 W·H·布拉顿和 J·巴丁发明的第一个固态放大器点接触晶体管是固态电子器件发展过程中一个划时代的历史事件。同真空电子器件相比,固态电子器件具有体积小、重量轻、功耗小、高可靠、易集成等优点,便于实现电子系统的微型化,是现代集成电路的基础。除了应用于大规模和超大规模的集成电路,固态电子器件还广泛应用于诸如微波通信、红外探测、光纤通信、固体成像、能量转换等很多领域。固态电子器件所用的材料主要是半导体硅和砷化镓材料。随着固体新材料的不断出现和工艺技术的不断成熟,新型固态电子器件也在不断出现,如各种超导器件、非晶态半导体器件、超晶格量子构器件等等。

什么是真空电子器件?

真空电子器件是借助电子在真空或气体中与电磁场发生相互作用,将一种形式的电磁能量转换为另一种形式的电磁能量的电子器件。真空电子器件按其功能不同,可分为:实现直流电能和电磁振荡能量之间转换的静电控制电子管;将直流能量转换成频率为 300 兆赫~3000 吉赫电磁振荡能量的微波电子管;利用聚焦电子束实现光、电信号的记录、存储、转换和显示的电子束管;利用光电子发射现象实现光电转换的光电管;产生 X 射线的 X 射线管;管内充有气体并能产生气体放电的充气管;以真空和气体中粒子受激辐射为工作机理,将电磁波加以放大的真空量子电子器件等等。真空电子器件广泛应用于广播、通信、电视、雷达、导航、自动控制、电子对抗、计算机终端显示、医学诊断等领域。自 20 世纪 60 年代以后,很多真空电子器件已逐步为

固态电子器件所取代,但在高频率、大功率的领域,真空电子器件仍然具有很大的生命力。

什么是电子元件？

电子元件是组成电子产品的基础，掌握常用电子元件的种类、结构及性能是学习电子技术的基础。

常用的电子元件主要有：电阻、电容、电感、电位器、变压器、三极管、二极管等。

导体对电流的阻碍作用叫做该导体的电阻。电阻小的物质称为电导体,简称导体。电阻大的物质称为电绝缘体,简称绝缘体。

在物理学里,用电阻来表示导体对电流阻碍作用的大小。导体的电阻越大,表示导体对电流的阻碍作用越大。不同的导体,电阻一般不同,电阻是导体本身的一种性质。

导体的电阻通常用字母 R 表示,电阻的单位是欧姆(ohm),简称欧,符号是 Ω(希腊字母,音译成拼音读作 ōu mì gǎ)。

电阻器简称电阻,英文写作 Resistor,通常用"R"表示,是所有电子电路中使用最多的电子元件。电阻的主要物理特性是变电能为热能,因此可以说电阻器是一个耗能元件,电流经过它就会产生内能。电阻在电路中通常起分压分流的作用,对信号来说,交流与直流信号都可以通过电阻。

电容器通常简称为电容,用字母 C 表示。顾名思义,电容器是"装电的容器",是一种容纳电荷的器件。电容(或称电容量)是表征电容器容纳电荷本领的物理量。我们把电容器的两极板间的电势差增加 1 伏所需的电量,叫做电容器的电容。电容器的用途很广,它是电子、电力

领域中不可缺少的电子元件,主要用于电源滤波、信号滤波、信号耦合、谐振、隔直流等电路中。

在国际单位制里,电容的单位是法拉,简称法,符号是 F。

晶体二极管,简称二极管,它是只往一个方向传送电流的电子零件。二极管是一种具有 1 个零件号接合的 2 个端子的器件,具有按照外加电压的方向,使电流流动或不流动的性质。晶体二极管是一个由 P 型半导体和 N 型半导体形成的 PN 结,在其界面处两侧形成空间电荷层,并建有自建电场。当不存在外加电压时,由于 PN 结两边载流子浓度差引起的扩散电流和自建电场引起的漂移电流相等而处于电平衡状态。

三极管,全称为半导体三极管,也称双极型晶体管或晶体三极管,是一种控制电流的半导体器件。其作用是把微弱信号放大成辐值较大的电信号,也可用作无触点开关。

电感是指线圈在磁场中活动时,所能感应到的电流的强度,单位是"亨利"(H),也指利用此性质制成的元件。

电位器是用于分压的可变电阻器。在裸露的电阻体上,紧压着一到两个可移动的金属触点,触点位置确定电阻体任一端与触点间的阻值。电位器是一种可调电子元件,由一个电阻体和一个转动或滑动系统组成。电位器广泛应用于电子设备,在音响和接收机中常用于音量控制。

变压器是利用电磁感应原理来改变交流电压的电子设备,其主要构件是初级线圈、次级线圈和铁心(磁芯)。在电器设备和无线电路中,电位器常用于升降电压、匹配阻抗、安全隔离等。

什么是 PN 结？

采用不同的掺杂工艺，通过扩散作用，将 P 型半导体与 N 型半导体制作在同一块半导体(通常是硅或锗)基片上，在它们的交界面就会形成一个空间电荷区，即为 PN 结。PN 结具有单向导电性。P 是 positive 的缩写，N 是 negative 的缩写，表明正荷子与负荷子起作用的特点。当 P 型半导体和 N 型半导体结合在一起时，由于交界面处存在载流子浓度的差异，这样电子和空穴都会从浓度高的地方向浓度低的地方扩散。因为电子和空穴都是带电的，它们扩散的结果就使 P 区和 N 区中原来的电中性条件破坏了，P 区一侧因失去空穴而留下不能移动的负离子，N 区一侧因失去电子而留下不能移动的正离子。这些不能移动的带电粒子通常称为空间电荷，它们集中在 P 区和 N 区的交界面附近，形成了一个很薄的空间电荷区，这就是我们所说的 PN 结。

什么是爱迪生效应？

爱迪生效应是托马斯·爱迪生于 1883 年发现的。1877 年，爱迪生发明碳丝电灯之后，应用不久即出现了电灯寿命太短的问题：由于碳丝难耐高温，使用不久就会 "蒸发"，灯泡的寿命也完结了。爱迪生想方设法加以改进。1883 年，爱迪生突发奇想：在灯泡内另行封入一根铜线，也许可以阻止碳丝蒸发，延长灯泡寿命。经过反复试验，碳丝虽然蒸发如故，但他却从这次失败的试验中发现了一个奇怪的现象，即碳丝加热后，铜线上竟有微弱的电流通过。铜线与碳丝并不联接，哪里来的电流呢？在当时，这是一件不可思议的事情，敏感的爱迪生断定这是一项新的发现，并想到根据这一发现也许可以制成电流计、电压计等电器设备。为此他申请了专利，命名为 "爱迪生效应"。此后，英国物

一口气读懂电子常识

理学家弗莱明根据"爱迪生效应"发明了电子管(即二极管)。随后,人们又在弗莱明二极管的基础上制成了三极管,这促成了世界上第一座无线电广播电台于1921年在美国匹兹堡市建立。此后,无线电通讯如雨后春笋般迅速出现在世界各地。

什么是电磁波?

电磁波是在电场与磁场交互作用下,在空中产生的行进波动。其行进的模式类似海浪前进的波浪状。简单来说,电磁波就是电磁场的波动,电场的变化产生磁场,磁场的变化形成电场,电场与磁场交互作用而产生的波动,就称为电磁波,也常称为电波。我们常说的紫外线、阳光、红外线、收音机的FM、电视波、军用的雷达波、用来侦测天气的气象用雷达波、夜晚时万家灯火的光线、伦琴射线(X射线)、γ射线(伽玛射线)、核能电厂产生的辐射线等等都是电磁波。

电磁波与光和热相同,属于一种能量,凡是能够释放能量的物体都会释放电磁波,因此,在我们日常生活中,存在大量看不见的电磁波,手提电话释放的电磁波辐射就是其中的一个典型。

1864年,英国科学家麦克斯韦以前人对电磁现象的研究成果为基础,建立了完整的电磁波理论。他断定电磁波的存在,并推导出电与光具有同样的传播速度。

1887年,德国物理学家赫兹用实验证实了电磁波的存在。之后,人们又进行了多次实验,不仅证明光是一种电磁波,而且发现了更多形式的电磁波,它们在本质上是完全相同的,只是波长和频率有很大的差别。按照波长或频率的顺序把这些电磁波排列起来,就是电磁波谱。如果把每个波段的频率由低至高依次排列的话,它们依次是:无线

电波、微波、红外线、可见光、紫外线、X 射线及 γ 射线。

电磁辐射对人体有哪些危害？

广义的电磁辐射通常是指电磁波频谱。狭义的电磁辐射是指电器设备所产生的辐射波，通常是指红外线以下的部分。

电磁辐射危害人体的机理主要是热效应、非热效应和积累效应 3 种。

热效应：人体内 70% 以上是水，水分子受到电磁波辐射后会相互摩擦，引起机体升温，从而影响到身体其他器官的正常工作。

非热效应：人体的器官和组织都存在微弱的电磁场，它们原本是稳定和有序的，一旦受到外界电磁波的干扰，处于平衡状态的微弱电磁场就会遭到破坏，人体的正常循环机能也就会遭受破坏。

累积效应：热效应和非热效应作用于人体后，会对人体造成一系列伤害，如果这种伤害尚未来得及自我修复又再次受到电磁波辐射的话，其伤害程度就会发生累积效应，久而久之会发展成为一种永久性病态甚至危及生命。对于长期接触电磁波辐射的群体，即使功率很小，频率很低，也会诱发很多想不到的病变，所以应引起高度警惕。

电磁辐射对人类危害有哪些具体表现？

科学家经过长期的研究证明：电磁辐射对人体危害极大，主要表现在以下几个方面：

(1)电磁波可能是儿童患白血病的元凶之一。医学研究证明，长期处于强电磁辐射的环境中，会使血液、淋巴液和细胞原生质发生改变。意大利的专家经过研究表示，该国每年有 400 多名儿童患白血病，其主要原因是距离高压电线太近，因而受到了严重的电磁污染。

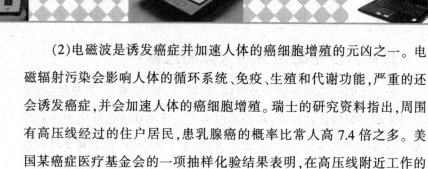

（2）电磁波是诱发癌症并加速人体的癌细胞增殖的元凶之一。电磁辐射污染会影响人体的循环系统、免疫、生殖和代谢功能，严重的还会诱发癌症，并会加速人体的癌细胞增殖。瑞士的研究资料指出，周围有高压线经过的住户居民，患乳腺癌的概率比常人高 7.4 倍之多。美国某癌症医疗基金会的一项抽样化验结果表明，在高压线附近工作的工人，其癌细胞生长速度比一般人要快 24 倍。

（3）电磁波能影响人的生殖系统，主要表现为男性精子质量降低，孕妇发生自然流产和胎儿畸形等。

（4）可导致儿童智力残障。据调查显示，我国每年出生的 2000 万婴儿中，有 35 万为缺陷儿，其中 25 万为智力残障，有关专家认为电磁辐射是影响因素之一。世界卫生组织认为，计算机、电视机、移动电话的电磁辐射对胎儿有很大的不良影响。

（5）电磁波能影响人们的心血管系统，表现为心悸、失眠、部分女性经期紊乱、心动过缓、心搏血量减少、窦性心率不齐、白细胞减少、免疫功能下降等。如果装有心脏起搏器的病人处于强电磁辐射的环境中，会影响心脏起搏器的正常使用。

（6）电磁波会对人们的视觉系统产生不良影响。眼睛属于人体对电磁辐射的敏感器官之一，过强的电磁辐射污染会引起视力下降、引发白内障等。

（7）强剂量的电磁辐射还会影响和破坏人体原有的生物电流和生物磁场，使人体内原有的电磁场发生异常。另外，不同的人或同一个人在不同年龄阶段对电磁辐射的承受能力是不一样的，老人、儿童以及孕妇属于对电磁辐射的敏感群体。

（8）电磁波能加速皮肤老化，造成皮肤粗糙。

一口气读懂电子常识

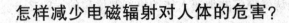

怎样减少电磁辐射对人体的危害？

随着人们生活水平的日益提高,电视、电脑、微波炉、电热毯、电冰箱等家用电器越来越普及,电磁波辐射对人体的伤害也随之越来越严重。但由于电磁波是看不见,摸不着,感觉不到,其伤害又是缓慢而隐性的,所以尚未引起人们的普遍注意。那么,应如何尽量减少电磁辐射对人体的伤害呢?

(1)家用电器尽量勿摆放于卧室,也不宜集中摆放或同时使用。

(2)看电视不要持续超过 3 小时,并与屏幕保持 3 米以上的距离;关机后立即远离电视机,并开窗通风换气,用洗面奶或香皂等洗脸。

(3)用手机通话时间不宜超过 3 分钟,通话次数不宜过多。尽量在接通 1~2 秒钟之后再移至面部通话,这样可减少手机电磁波对人体的辐射危害。

(4)多吃一些具有防电磁波辐射危害的食物,比如绿茶、海带、海藻、裙菜、卵磷脂、猪血、牛奶、甲鱼、蟹等动物性优质蛋白等。

电磁波有哪些用途？

电磁波是一种横波,可用于探测、定位、通信等等。按照波长或频率的顺序把这些电磁波排列起来,即为电磁波谱。如果把每个波段的频率由低至高依次排列的话,它们是:无线电波、微波、红外线、可见光、紫外线、伦琴射线(X 射线)、及 γ 射线(伽玛射线)。其用途分别如下:无线电波用于无线电通信等;微波用于微波炉;红外线用于遥控、热成像仪、红外制导弹等;可见光是所有生物用来观察事物的基础;紫外线用于医用消毒、验证假钞、测量距离、工程上的探伤等;X 射线用于 CT 照相;伽玛射线用于治疗,使原子发生跃

迁从而产生新的射线等。

无线电广播是如何实现的？

无线电波指的是在自由空间（包括空气和真空）传播的射频频段的电磁波。无线电技术是通过无线电波传播声音或其他信号的技术。无线电波是一种波长大于1毫米，频率小于300吉赫兹的电磁波，它是一种能量的传播形式。电场和磁场在空间中是相互垂直的，并且都垂直于传播方向，在真空中的传播速度等于光速300000千米/秒。

无线电技术的原理大致是这样的：导体中电流强弱的改变会产生无线电波，利用这一现象，通过调制可将信息加载于无线电波之上。当电波通过空间传播到达收信端，电波引起的电磁场变化又会在导体中产生电流。通过解调将信息从电流变化中提取出来，就达到了信息传递的目的。

是谁实现了无线电广播的梦想？

麦克斯韦最早在他递交给英国皇家学会的论文《电磁场的动力理论》中阐明了电磁波传播的理论基础。他的这些工作完成于1861年到1865年之间。

在1886年至1888年间，赫兹首先通过试验验证了麦克斯韦尔的理论。他证明了无线电辐射具有波的所有特性，并发现电磁场方程可以用偏微分方程表达，通常称为波动方程。

1906年，雷吉纳德·菲森登在美国马萨诸塞州采用外差法实现了历史上首次无线电广播。菲森登广播了他自己用小提琴演奏"平安夜"和朗诵《圣经》片段。1922年，位于英格兰切尔姆斯福德的马可尼研究中心开播了世界上第一个定期播出的无线电广播娱乐节目。

一口气读懂电子常识

什么是雷达？

雷达是一种利用电磁波探测目标的电子设备。雷达发射出电磁波对目标进行照射，然后接收其回波，由此获得目标到电磁波发射点的距离、距离变化率（径向速度）、方位、高度等信息。

雷达的概念大约形成于 20 世纪初。雷达为英文 radar 的音译，为 Radio Detection And Ranging 的缩写，意思是无线电检测和测距。

各种雷达的用途和结构都不相同，但基本形式是一致的，都包括五个基本组成部分：发射机、发射天线、接收机、接收天线和显示器，另外还有电源、数据录取、抗干扰等辅助设备。

雷达所起的作用和眼睛相类似。它的信息载体是无线电波。事实上，不论是可见光还是无线电波，在本质上都是电磁波，差别在于它们各自所占的波段不同。雷达的工作原理大致是这样的：雷达设备的发射机通过天线把电磁波能量射向空间某个方向，处在此方向上的物体反射碰到的电磁波；雷达天线接收此反射波，然后送到接收设备进行处理，提取关于此物体的相关信息，如目标物至雷达的距离、距离变化率、方位以及高度等等。

通信工具篇

什么是通信？

通信(Communication)其实就是信息的传递,指的是由一个地方向另一个地方进行信息的传输与交换。然而,随着社会生产力的日益发展,人们对传递消息的要求也越来越高。在各种各样的通信方式中,利用"电"来传输消息的通信方法统称为电信(Telecommunication),这种通信方式具有迅速、准确、可靠等特点,而且几乎不受时间、地点、空间等客观因素的限制,因此得到了飞速的发展和广泛的应用。

在古代,人们通过驿站、飞鸽传书、烽火报警、结绳记事、肢体语言、眼神、触碰等方式进行信息传递。随着科技的飞速发展,到今天相继出现了无线电、固定电话、移动电话、互联网、视频电话等各种通信方式。通信技术的进步拉近了人与人之间的距离,深刻改变了人类的生活方式。

目前,各国对通信的定义不尽相同,例如美国联邦通信法对通信的定义是:包括电信和广播电视;我国的电信管理条例对电信的定义则是:包括公共电信和广播电视。

什么是电报？

电报是利用电信号传递的文字信息。电报是通信方式的一种,也是最早使用电进行通信的方法。它是利用电流(有线)或电磁波(无线)作为载体,通过编码和相应的电处理技术实现人类远距离传输与交换信息的通信方式。

电报的基本原理是:根据英文字母表中字母、标点符号和空格按出现的频度排序,用点和划的组合来代表这些字母、标点和空格;"点"对应于短的电脉冲信号,"划"对应于长的电脉冲信号;当这些信号传

到目的地时,接收机把短的电脉冲信号翻译成"点",把长的电脉冲信号转换成"划";译码员再把这些点划组合译成英文字母,这样就完成了通信任务。

电报的发明大大加快了消息的传输速度,是工业社会的一项重要发明。早期的电报只能在陆地上通讯,后来出现了海底电缆,进一步扩展了越洋服务。到了20世纪初,人们开始使用无线电拍发电报,电报业务基本上已遍及全球。

电报是谁发明的?

电报是1837年由美国莫尔斯首先试验成功的。

18世纪30年代,由于铁路迅速发展,迫切需要一种不受天气影响、不受时间限制、比火车跑得更快的通信工具。此时,发明电报的基本技术条件(电池、铜线、电磁感应器)已经成熟。

1837年,英国库克和惠斯制造了第一个有线电报,并不断加以改进,发报速度不断提高。这种电报很快在铁路通信中得到应用。

与此同时,美国的莫尔斯也对电报着了迷。莫尔斯是一位画家,在他41岁那年,他从法国学画有成后返回美国。在轮船上,医生杰克逊将他引入了电磁学这个神奇的世界。杰克逊向他展示了"电磁铁",一通电它就能吸起铁器件,一断电铁器就掉下来。杰克逊说"不管电线有多长,电流都可以快速通过"。这不禁使莫尔斯产生了遐想:既然电流可以瞬息通过导线,那么能不能用电流来传递信息呢?

回美国后,莫尔斯开始全身心地投入到电报的研制工作中。他拜著名的电磁学家亨利为老师,从头开始学习电磁学知识。他买来各种各样的实验仪器和电工工具,把画室改为实验室,夜以继日地埋头苦

干起来。他先后设计了一个又一个方案,进行了一次又一次试验,但却一次又一次失败。

他认真地分析了失败的原因。经过检查设计思路,莫尔斯发现必须寻找新的方法来发送信号。1836年,莫尔斯终于找到了新方法。他在笔记本上写下了新的设计方案:"电流只要停止片刻,就会现出火花。有火花出现可以看成是一种符号,没有火花出现是另一种符号,没有火花的时间长度又是一种符号。这三种符号组合起来可代表字母和数字,就可以通过导线来传递文字了。"莫尔斯的奇特构想,即后来著名的"莫尔斯电码",这是电信史上最早的编码,也是电报发明史上的重大突破。

莫尔斯把设想变为实用的装置,并且不断加以改进。1844年5月24日是世界电信史上光辉的一页。莫尔斯在美国国会大厅里,亲自按动电报机按键。随着一连串"嘀嘀嗒嗒"声响起,电文通过电线很快传到了数十公里之外的助手那里,他的助手准确无误地把电文译了出来。莫尔斯的成功轰动了美国、英国乃至世界,他发明的电报也很快风靡全球。

什么是电子邮件?

电子邮件是 Electronic Mail 的缩写,简称为 E-mail,标志是 @,也被称为电子信箱、电子邮政等等。E-mail 是一种利用电子手段提供信息交换的通信方式,是 Internet 应用最广的服务。通过网络的电子邮件系统,用户可以用非常低廉的价格,以非常快速的方式,与世界上任何一个角落的网络用户联系。这些电子邮件可以是文字、图像、声音等各种方式。同时,用户还可以得到大量免费的新闻、专题邮件等。

一口气读懂电子常识

世界上第一封电子邮件是怎么来的？

对于世界上第一封电子邮件，根据有关资料有两种说法：

第一种说法：1969年10月，世界上第一封电子邮件是计算机科学家Leonard K.教授发给同事的一条简短消息。据《互联网周刊》报道：这条消息只有两个字母："LO"。Leonard K.教授因此被称为"电子邮件之父"。

Leonard K.教授解释说："当年我试图通过一台位于加利福尼亚大学的计算机和另一台位于旧金山附近斯坦福研究中心的计算机联系。我们所做的事情就是从一台计算机登录到另一台计算机。当时登录的方法就是键入L-O-G。于是我方键入L，然后问对方：'收到L了吗？'对方回答：'收到了。'然后我依次键入O和G。还未来得及收到对方收到G的确认回答，系统就瘫痪了。所以第一条网上信息就是'LO'，意思是'你好！我完蛋了。'"

第二种说法：1971年，美国国防部资助的阿帕网正在如火如荼的进行中，一个非常棘手的问题出现了：参加该项目的科学家们在不同的地方做着不同的工作，但是却不能很好地分享各自的研究成果。原因十分简单，因为大家使用的是不同的计算机，每个人的工作对别人来说都是没有意义的。他们迫切需要一种能借助于网络在不同计算机之间传送数据的方法。为阿帕网工作的麻省理工学院博士雷·汤姆林森把一个可以在不同的电脑网络之间进行拷贝的软件和一个仅用于单机的通信软件进行了功能合并，命名为SNDMSG（即Send Message）。为了测试效果，他使用这个软件在阿帕网上发送了第一封电子邮件，收件人是另外一台电脑上的自己。于是，第一封电子邮件诞生

一口气读懂电子常识

了。汤姆林森之所以选择"@"符号把用户名与地址隔开,是因为这个符号比较生僻,不会出现在任何一个人的名字当中,而且这个符号的读音"at"有"在"的含义。

什么是电子邮箱?

电子邮箱(E-Mail Box)是通过网络电子邮局为网络客户提供的交流电子信息的空间。电子邮箱具有存储和收发电子信息的功能,是因特网中最重要的信息交流工具。在网络中,电子邮箱可以自动接收网络任何电子邮箱发来的电子邮件,并能存储多种格式的电子文件。电子邮箱具有单独的网络域名,其电子邮局的地址在 @ 后标注。电子邮箱最大的特点是人们可以在任何地方、任何时间接收和发送信件,大大提高了工作效率,从而为办公自动化以及商业活动提供了很大的便利。

E-mail 像普通的邮件一样,也需要地址,与普通邮件的区别在于它是电子地址。所有在 Internet 上有信箱的用户都有自己的一个或几个电子地址,并且这些电子地址都是唯一的。邮件服务器就是根据这些地址,将每封电子邮件传送到相应用户的信箱中的。像普通邮件一样,你能否收到你的 E-mail,取决于你是否取得了正确的电子邮件地址。

一个完整的 Internet 邮件地址由以下两个部分组成:登录名 @ 主机名.域名。中间用一个表示"在"(at)的符号"@"隔开,符号的左边是用户的登录名,右边是完整的主机名,它由域名组成。其中,域名由几部分组成,每一部分称为一个子域,各子域之间用圆点"."隔开。

目前,网上最常用的电子邮箱主要有:网易 163 邮箱;网易 126 邮

一口气读懂电子常识

箱;网易 188 邮箱;网易 Yeah 邮箱;新浪邮箱;Foxmail;QQ 邮箱;TOM 邮箱；搜狐闪电邮；雅虎邮箱;Gmail 邮箱;Hotmail/Live Mail;eYou 邮箱;35 邮箱;中华网邮箱;中国网邮箱;移动 139 邮箱;21cn 邮箱;AOL 邮箱;微软睿邮等等。

怎样用 Outlook Express 进行电子邮件的发送和接收？

Outlook Express 是随 Windows 操作系统一起的使用程序,当您安装完 Windows 操作系统以后,就可以使用 Outlook Express 了。它的主要功能是发送和接收电子邮件和执行一些其他通信任务。

用 Outlook Express 收发电子邮件的程序如下：打开"开始/程序/Outlook Express",在打开的 Outlook Express 视窗中,单击工具栏上的"发送和接收"按钮,Outlook Express 立刻开始自动发送和接收所有电子邮件。当有邮件时会发出警告声(邮件到达警告声在您的操作系统中进行设置),告知您有邮件到达。

当然,除了 Outlook Express,您也可以选择其他收发电子邮件的软件,比如 Foxmail 等。

什么是电话？

电话是通过电信号双向传输话音的通信设备。"电话"一词是日本人制造的汉语词,用来意译英文的 Telephone,后来传入中国。

历史上对电话的发明和改进包括:碳粉话筒、人工交换板、拨号盘、自动电话交换机、程控电话交换机、双音多频拨号、语音数字采样等等。近年来的新技术包括:ISDN、DSL、模拟移动电话、数字移动电话等等。

电话通信是通过声能与电能相互转换,并利用"电"这个媒介来传输语言的一种通信技术。两个用户要进行通信,最简单的形式就是将两部电话机用一对线路连接起来。其工作原理如下:

(1)当发话者拿起电话机对着送话器讲话时,声带的振动激励空气振动,形成声波。

(2)声波作用于送话器上,使之产生电流,称为话音电流。

(3)话音电流沿着线路传送到对方电话机的受话器内。

(4)受话器作用与送话器刚好相反——把电流转化为声波,通过空气传至人的耳朵中。

这样,就完成了最简单的通话过程。

电话到底是谁发明的?

提到电话的发明,大多数人一定会联想到亚历山大·格雷厄姆·贝尔。然而历史上关于电话的真正发明者是存在争议的,它涉及到三个相关人物:贝尔、格雷和梅乌奇。

贝尔进行了大量的研究,探索语音的组成,并在精密仪器上分析声音的振动。在实验仪器上,振动膜上的振动被传送到用炭涂黑的玻璃片上,振动就可以被"看见"了。接下来,贝尔开始思考有没有可能将声音振动转化成电子振动,这样就可以通过线路传递声音了。几年下来,贝尔尝试着发明了几套电报系统。渐渐地,贝尔萌生了一个想法:发明一套能通过一根线路同时传送几条信息的机器。他设想通过几片衔铁协调不同频率,在发送端,这些衔铁会在某一频率截断电流,并以特定频率发送一系列脉冲;在接收端,只有与该脉冲频率相匹配的衔铁才能被激活。在实验中,贝尔偶然发现沿线路传送电磁波可以传输

声音信号。贝尔经过反复试验，声音终于可以稳定地通过线路传输了，只是声音不怎么清晰。1876年，在贝尔30岁生日前夕，通过电线传输声音的设想意外地获得了专利认证，这使贝尔重新燃起了研究的热情。1876年3月10日，贝尔的电话宣告了人类历史新时代的到来。

然而贝尔并非唯一致力于发明电话的人。伊莱沙·格雷就曾与贝尔展开过关于电话专利权的法律诉讼。格雷与贝尔在同一天申报了专利，但由于在具体时间上比贝尔稍微晚了一点，最终败诉。

其实，关于电话的发明还有另一个默默无闻的意大利人——1845年移居美国的安东尼奥·梅乌奇。梅乌奇痴迷于电生理学研究，在不经意间发现电波可以传输声音。1850年至1862年，梅乌奇制作了几种不同形式的声音传送仪器，称为"远距离传话筒"。遗憾的是，梅乌奇经济拮据、生活潦倒，无力保护自己的发明。当时申报专利需要交纳250美元的申报费用，而长时间的研究工作已耗尽了梅乌奇所有的积蓄。而且梅乌奇的英语水平不高，这使他无法了解该如何保护自己的发明。1870年，梅乌奇患上了重病，他不得不以区区6美元的低价卖掉了自己发明的通话设备。为了保护自己的发明，梅乌奇曾经试图获取一份被称作"保护发明特许权请求书"的文件。为此他每年需要交纳10美元的费用，并且每年需要更新一次。3年之后，梅乌奇沦落到靠社会救济金度日，根本付不起手续费，请求书也随之失效。

1874年，梅乌奇寄了几个"远距离传话筒"给美国西联电报公司，希望能将这项发明卖给他们。但是，他并没有得到答复。两年之后，贝尔的发明面世，并且贝尔与西联电报公司签订了巨额合同。梅乌奇为此提起诉讼，最高法院也同意审理这个案件。但是，1889年梅乌奇过世，诉讼也就不了了之了。

直至 2002 年 6 月 15 日，美国议会通过议案，认定安东尼奥·梅乌奇为电话的发明者。在梅乌奇的出生地佛罗伦萨有一块纪念碑，上面写着"这里安息着电话的发明者——安东尼奥·梅乌奇"。

电话应该怎样保养？

电话的保养应该注意以下几方面：

(1)电话机应放在干燥、清洁的地方，防止内部元器件受潮或有杂物进入话机而影响使用效果。

(2)使用话机时，应尽量避免冲击和敲打，以免话机受损。

(3)机壳表面有灰尘时，用布擦干净即可，不可使用化学溶剂，以免流入机内腐蚀机内元件。

(4)使用话机按键时要用力均匀，以确保机件的正常使用。

(5)如果话机发生故障，非专业人员不得擅自打开修理，应该将话机送到指定的维修处修理。

什么是无线电话？

无线电话是 20 世纪的重大发明之一。无线电话的发明是以 20 世纪初发明的真空三极管为基础的。1927 年，在美国和英国之间开通了商用无线电话。20 世纪 30 年代发现了超短波，40 年代发现了微波。超短波和微波都不能从电离层反射，具有直线传播的特性，能穿过电离层；它们在地面上只能以视线距离传播。人们利用这种特性开发了多路无线接力通信。超短波接力通信可以传送 30 路以下的电话；微波接力通信可以传送几千路电话，还可以用来传送彩色电视。所谓接力通信，就是在直线视距范围(在地面平原地区约 50 公里)内设立一个中继站进行接收转发，通信距离越长，设立的中继站就越多。

一口气读懂电子常识

卫星通信是利用人造地球卫星作为中继站或卫星转发器的微波通信。卫星通信可以在大面积范围内进行高质量的通信,目前已成为全球远距离和洲际通信的重要手段之一。

70 年代后期出现了蜂窝式移动电话系统,这是无线电话的重大发展,迅速在世界各国投入使用。90 年代人们提出了覆盖整个地球的低地球轨道卫星移动电话系统,把移动电话系统的基站设在卫星上,可覆盖整个地球,这就使得用户能在任何时间、任何地点与任何人进行通信。

什么是移动电话?

移动电话 (Mobile Telephone) 是可以在较广范围内使用的便携式电话终端。移动电话通常被称为手机,在港台地区通常称为手提电话、手电,在早期曾有"大哥大"的称呼。

目前,在全球范围内使用最广的是第二代手机(2G),以 GSM 制式和 CDMA 制式为主。它们都是数字制式的,除了可以进行语音通信以外,还可以收发短信(短消息、SMS)、MMS(彩信、多媒体短信)、无线应用协议(WAP)等。在中国大陆以及台湾地区以 GSM 最为普及,CDMA 和小灵通(PHS)手机也很流行。目前整个市场正在朝着第三代手机(3G)迈进。

手机在外观上一般包括一个液晶显示屏和一套按键(部分采用触摸屏的手机减少了按键)。目前的手机除了典型的电话功能外,还包含了 PDA、游戏机、MP3、照相机、摄影、录音、GPS 等多种功能,有向带有手机功能的 PDA(PDA,英文全称 Personal Digital Assistant,即个人数码助理,一般是指掌上电脑)发展的趋势。

第一个手机是谁发明的？

1973 年 4 月的一天，一名男子站在纽约街头，掏出一个大约有两块砖头大小的无线电话，引得过路人纷纷驻足观看。这个人就是手机的发明者马丁·库帕。当时，库帕是美国著名的摩托罗拉公司的工程技术人员。

马丁·库帕现年已经七十多岁了，他在摩托罗拉工作了 29 年后，在硅谷创办了自己的通讯技术研究公司。目前，他是这个公司的董事长兼首席执行官。

其实，如果往前追溯，我们可以知道，手机的概念早在 20 世纪 40 年代就已经出现了。当时，是美国最大的通讯公司贝尔实验室开始试制的。1946 年，贝尔实验室造出了世界上第一部所谓的移动通讯电话。但是，由于体积庞大，研究人员只能把它放在实验室的架子上，所以后来人们就渐渐淡忘了。

一直到 60 年代末期，AT&T 和摩托罗拉两家公司才开始对这项技术产生兴趣。当时，AT&T 出租一种体积很大的移动无线电话，客户可以把这种电话安在大卡车上。AT&T 的设想是，将来能研制一种移动电话，功率是 10 瓦，然后利用卡车上的无线电设备来加以沟通。库帕认为，这种电话体积过大、重量太重，非常不便于携带。于是，摩托罗拉就向美国联邦通讯委员会提出申请，要求规定移动通讯设备的功率，应该是 1 瓦，最大也不能超过 3 瓦。而事实上，今天大多数手机的无线电功率，最大的只有 500 毫瓦。

从 1973 年手机注册专利，一直到 1985 年，才诞生了第一个现代意义上的、真正可以移动的电话。它是将电源和天线放置在一个盒子

中,重量有 3 千克,携带起来非常不方便,使用者要像背包那样背着它行走,所以人们形象地称它为"肩背电话"。

与今天形状接近的手机,诞生于 1987 年。与"肩背电话"比起来,它显得轻巧很多,而且携带方便。尽管如此,它的重量仍有 750 克左右。

从那以后,手机的发展越来越迅速。到了 1991 年时,手机的重量为 250 克左右;1996 年,出现了体积为 100 立方厘米、重量为 100 克的手机。此后又进一步小型化、轻型化,到 1999 年就轻到了 60 克以下。我们今天常用的手机一般都在 60 克以下。

除了质量和体积越来越小之外,现代的手机越来越像一把多功能的瑞士军刀了。不但具备最基本的通话功能,还可以用来收发邮件和短消息、上网、玩游戏、拍照、听音乐、看电影等等,功能越来越多。

可视电话的工作原理是怎样的?

可视电话是一种利用电话线路实时传送人的语音和图像(用户的半身像、照片、物品等)的通信方式。

可视电话设备是由电话机、摄像设备、电视接收显示设备及控制器组成的。可视电话的话机和普通电话机一样,是用来通话的;摄像设备的功能是摄取本方用户的图像传送给对方;电视接收显示设备的作用是接收对方的图像信号并在荧光屏上显示对方的图像。

早在 20 世纪五六十年代就有人提出可视电话的概念。1964 年,美国贝尔实验室正式提出可视电话的相关方案。但是,由于传统网络和通信技术条件的限制,可视电话一直没有取得实质性进展。直到 80 年代后期,随着芯片技术、传输技术、数字通信、视频编解码技术和集

成电路技术的不断发展和日趋成熟,适合商用和民用的可视电话才渐渐浮出水面,走入人们的视野。

编解码芯片技术是可视电话发展的关键,没有核心编解码芯片,可视电话只能是无源之水、无本之木。语音和图像在传输时,必须经过压缩编码到解码的过程,而芯片在承担着编码解码的重任,只有芯片在输出端将语音和图像压缩并编译成适合通讯线路传输的特殊代码,同时在接收端将特殊代码转化成人们能理解的声音和图像,才能实现完整的传输过程,让通话双方实现声情并茂的交流。

什么是 3G 手机?

3G 是英文 3rd Generation 的缩写,指的是第三代移动通信技术。相对于第一代模拟制式手机(1G)和第二代 GSM、TDMA 等数字手机(2G),第三代手机是指将无线通信与国际互联网等多媒体通信结合在一起的新一代移动通信系统。它能够处理图像、音乐、视频流等多种媒体形式,可以提供网页浏览、电话会议、电子商务等多种信息服务。为了提供这种服务,无线网络必须可以支持不同的数据传输速度,也就是说在室内、室外和行车的环境中能够分别支持至少 2Mbps(兆比特/秒)、384kbps(千比特/秒)和 144kbps 的传输速度。

目前,3G 手机(3G handsets)有 3 种国际制式标准:欧洲的 WCDMA 标准、美国的 CDMA 2000 标准和由我国提出的 TD-SCDMA 标准。

1995 年问世的第一代数字手机只能进行语音通话;而 1996 到 1997 年出现的第二代数字手机就增加了接收数据的功能,如接受电子邮件或网页;第三代与前两代相比的优势在于大大提升了传输声音

和数据的速度以及能够支持图像、音乐、视频流等多种媒体形式。

如何购买 3G 手机？

购买 3G 手机需要注意以下几个方面：

(1)有没有摄像头完全和 3G 无关。有摄像头只是为了让您的 3G 手机具备视频聊天、视频会议等功能。

(2)3G 是指一种通信技术标准，符合这个标准的手机才是 3G 手机，符合这个标准的技术主要有 W-CDMA、CDMA-EVDO 和 TD-SCD-MA,其中 TD-SCDMA 是我国自己研制的。2008 年 4 月 1 日，中国移动已经在北京、上海、天津、沈阳、广州、深圳、厦门和秦皇岛 8 个城市先后放号，正式启动了 TD-SCDMA。

(3)目前，3G 手机的品牌主要包括：诺基亚、摩托罗拉、三星、索尼爱立信、中兴、新邮通、海信、华立、LG 电子、大唐、联想、桑菲、宇龙酷派、熊猫、多普达、I-MATE、夏新、UT 斯达康、TCL、华为、龙旗、海尔、苹果等等。

应该怎样正确使用和保养手机？

鉴于手机的功能原理和各种特性，我们在使用手机时需要注意以下事项：

(1)手机电池不要等到没电了再充电。

大多数人都有这种想法：手机电池的电能要全部放完再充电比较好，因为很多人以前使用的充电电池大部分是镍氢(NiH)电池，这类电池有所谓的记忆效应，如果不放完电再充的话，往往导致电池寿命缩短。但现在的手机一般配用锂 (Li)电池，锂电池不存在记忆效应的问题。如果等到全部用完后再充电的话，反而会使得锂电池内部的化学

物质无法反应而减少寿命。所以最好的方法就是随时充电。

(2)当手机正在充电时,不要接打电话。

因为手机在充电时,接打电话会有潜在的危险。印度有一个 31 岁的保险业务经理,曾经在手机还在充电的时候接听电话,结果大量的电流经过手机,这个年轻人就这样被电流夺去了生命。

(3)手机信号剩一格时最好不要使用。

收讯满格与只剩一格时相比,发射强度相差 1000 倍以上。如果你发现手机的收讯强度只剩下一格,最好挂断或改用公用电话,以减少辐射对身体的危害。

(4)手机进水时的处理方案。

当你的手机进水时,千万不要作任何按键动作,尤其是关机,因为按键的动作可能会使水跟着电路板流串。正确的方法应该是马上打开外盖,直接将电池取下,避免主机板被水侵袭。

(5)消除手机屏幕刮痕。

可以把牙膏适量挤在湿抹布上,用力在手机屏幕刮伤处来回涂抹。

手机充电器有哪几种类型?

手机充电器的好坏对电池充电有很大的影响。目前手机充电器主要有旅行充电器、座式充电器、车载充电器等类型。

(1)座式充电器

座式充电器一般设计成双槽,一次可以充两节电池。不过,座式充电器多为慢充模式,充电时间较长,大约为 4~5 小时。

(2)旅行充电器

旅行充电器对电池充电的效果和座式充电器是大致相同的。这类充电器携带方便,对于经常外出旅行的人比较适用。旅行充电器一般是快速充电方式,充电时间约为 2~3 小时。旅行充电器对手机一般没有什么不良影响,不过在购买时一定要确认是否是原装充电器,因为原装的充电器更好。

(3)车载充电器

车载充电器可以方便用户在汽车上为手机充电。车载充电器的一端可以插入点烟器,另一端用来连接手机。因为汽车中温度比较高,手机不宜在汽车中长时间充电,否则容易造成手机损坏。

如何选购手机充电器?

充电器是手机必不可少的配套产品,所以正确选购充电器是十分必要的。

如果是选购座式充电器,应该注意以下事项:

(1)重量

一般来说,充电器越重,说明充电器使用的电子元件越多,在一定程度上表明充电器的质量越好。

(2)功能

座式充电器的功能主要取决于它的 IC(智能芯片)。目前,IC 已经发展到了第三代。在选购时,可以用一块电量不足的电池来检验座式充电器使用的 IC 属于第几代产品。

(3)插脚

购买时最好选择两相或三相可变插脚,这样在日后的使用中会方便很多。另外,购买时应试着拉一下座式充电器的插脚,如果很容易将

插脚拔出,说明产品的质量存在问题,不宜购买。

(4)发热量

符合标准的充电器在工作过程中产生的温度一般不会高于 30℃,表现为用手触摸微微发热不烫手。

上述几点注意事项同样适用于购买旅行充电器,但购买旅行充电器还需要注意接口。接口松动会让手机接收到的电流不稳定,还有可能形成较大的瞬间电流,对手机主板造成损坏;如果接口过紧则容易弄坏接口。

如果是选购车载充电器,还应注意与汽车相连接的插头是否稳固地插在汽车点烟器中。

如何给手机电池充电?

电池的使用寿命除了受充电器的质量影响外,还与充电方法是否正确有很大的关系。给手机电池充电,需要注意以下几点:

(1)手机电池充电一般分为两个过程:快速充电和涓流充电。快速充电完成以后,会自动转入涓流充电,充电指示灯会有变色显示。快速充电的完成不代表充电过程的结束,不要立即取下电池,再等几个小时为佳。

(2)新购买或长时间未使用的电池在使用前应先将电池充足电。镍氢电池第一次使用时,必须充足 12 个小时。

(3)充电前,锂电池不需要专门放电,放电不当反而会使电池遭受损坏。

(4)充电时尽可能采取慢充模式,但时间不要超过 24 小时。

(5)给锂电池充电要用锂电池专用充电器,并严格遵照指示说明,

否则会损坏电池，甚至发生危险。

（6）手机电池都会自放电，正常情况下镍氢电池每天会按剩余容量的1%左右放电，锂电池每天会按0.2%~0.3%放电。

（7）选择适合自己的厚、中、薄电池，一般情况下电池越薄容量越小，电池越厚容量就越大，要根据自己的实际需要和爱好选择购买。

（8）不要将电池暴露在高温、高压或严寒环境下。充电时电池有一点发热是正常现象，但不能让它发"高烧"。为了避免这种情况的发生，最好是在室温(26℃左右)状态下进行充电，也不要在手机上覆盖任何东西。

（9）手机电池应避免与金银首饰、手表等金属或磁性物件接触。因为当手机电池的插座碰到导体时，会发生短路，从而引起电池温度上升，高温会使电池中的化学物质挥发，产生一些危险的气体，严重时甚至可能发生爆炸。

一口气读懂电子常识

家用电器篇

家用电器包括哪些种类？

家用电器是在家庭及类似场所中使用的各种电器的统称，也称民用电器或日用电器。美国是家用电器的发源地。1879 年，爱迪生发明白炽灯，开创了家庭用电时代。20 世纪初，美国 E·理查森发明的电熨斗投放市场，促使其他家用电器相继问世，吸尘器、电动洗衣机、压缩机式家用电冰箱、电灶、空调器、全自动洗衣机应运而生。

家用电器的分类目前还没有一个统一的标准。按照产品的功能、用途分类是一种最常见的方法，按此法可将家用电器分为 8 类：制冷电器，包括家用冰箱、冷饮机等；空调器，包括房间空调器、电扇、换气扇、冷热风器、空气去湿器等；清洁电器，包括洗衣机、干衣机、电熨斗、吸尘器、地板打蜡机等；厨房电器，包括电灶，微波炉、电磁灶、电烤箱、电饭锅、洗碟机、电热水器、食物加工机等；电暖器具，包括电热毯、电热被、电热服、空间加热器；整容保健电器，包括电动剃须刀、电吹风、整发器、超声波洗面器、电动按摩器、空气负离子发生器等；声像电器，包括电视机、收音机、录音机、录像机、摄像机、组合音响等；其他电器，如烟火报警器、电铃等。

常用家用电器的安全使用年限是多少？

彩电：当您的电视机出现图像不清晰、画面颤抖等"不良症状"，就意味着相关元器件已经老化，同时辐射也会增大，一旦遇到碰撞、骤冷、骤热等情况，都可能引起显像管爆炸。

冰箱：当您的冰箱出现制冷剂泄漏、运转声音过大，甚至运转时发生较严重的颤抖，同时耗电量比以前大增等情况，都是"超龄"化的表现。据有关资料显示，一台使用 10 年的冰箱，其耗电量将变成最初

使用时的 2 倍。

洗衣机：当您的洗衣机经常出现渗水、漏电等毛病时，你就需要考虑换机了。

空调：如果您的空调一开机就直喷尘土，吹出的风掺杂着一股霉味，有的甚至流出黑黑的脏水，就意味着您的空调已经到达使用年限了。

下面是一些常用家电安全使用年限的参考数据：

彩色电视机 8~10 年；电热水器 8 年；空调器 8~10 年；电熨斗 9 年；电子钟 8 年；电热毯 8 年；电饭煲 10 年；电冰箱 12~16 年；个人电脑 6 年；电风扇 10 年；燃气灶 8 年；洗衣机 8 年；电吹风 4 年；微波炉 10 年；电动剃须刀 4 年；吸尘器 8 年。

电视的工作原理是怎样的？

电视机是一部复杂的机器。就原理上讲，电视机大致可包括以下几部分：

(1)电源

电源是整个电视机最重要的部分，它担负着为整个电视机各个部分提供能量的任务。它的工作流程如下：首先将 220 伏交流电转换为约 300 伏的直流电供开关电源工作；开关电源把整流后的 300 伏直流电转换为几种电压：正 110 伏电压供行输出级使用；正 26 伏供场输出级使用；正 19 伏供伴音电路使用。正 19 伏电压还要经过稳压电路输出正 12 伏的电压，供高频头、信号处理集成电路使用；还要输出正 5 伏电压供微处理器使用。正 110 伏电压还要经过降压、稳压电路输出正 33 伏的电压，供高频头选台使用。

（2）高频头

高频头是电视信号进入电视机的"大门"。从天线或有线电视终端盒送入的电视信号首先进入高频头，高频头经过处理选出我们所需要的电视信号，并把这些信号变为电视机容易放大的中频信号输送给中频放大电路。

（3）中频放大电路

中频放大电路把高频头送出的中频电视信号放大到一定幅度，并把图像信号和伴音信号分开送出，图像信号送往视频放大器进行放大，放大的图像信号加在显像管上，使之显示出我们所要看的图像信号；伴音信号送往音频功率放大器，并推动扬声器放出声音。

（4）行输出电路

行输出电路把由集成电路送给的行振荡信号进行放大，并经过行输出变压器产生显像管所需要的各种电压。行输出电路的用途有如下几个：

①输出高压、高频脉冲电压，送往行偏转线圈，由偏转线圈形成锯齿波电压，使电子束作水平运动，在显像管的屏幕上形成水平亮线。

②输出直流 25000 伏的高压，供给显像管阳极，使显像管的阳极具有吸引由阴极发射出的电子的作用，能够使显像管发出光栅。

③输出消隐电压，主要目的是消除场、行扫描电子束由左到右扫描返回时的回扫亮线。

④输出 180 伏的电压，供视放管工作。

⑤输出 6.3 伏的灯丝电压，为显像管灯丝加热，并烘烤显像管的

一口气读懂电子常识

阴极,使阴极能够发射电子。

⑥输出约数千伏的电压,作为显像管聚焦电压。没有聚焦电压,图像就会模糊不清。

⑦输出约 500 伏的电压,作为显像管的加速电压。没有加速电压,显像管就不能发光。

(5)场输出电路

场输出电路的主要作用是为场偏转线圈提供场锯齿波电压,使显像管的电子扫描线由上而下的运动。这一部分如果坏了,显像管所显示的就只是一条水平亮线。

(6)视频放大电路

视频放大电路大都在显像管的尾座上,由 3~5 只管子组成,也有是一组集成电路,其任务是把由集成电路送出的视频信号进行放大,并送往显像管显示出图像。

除此之外,电视机内部还有其他一些重要部件,例如保险丝、消磁电路等。保险丝是作为整个电视机保险用的,它如果断了,整机就不会通电,会造成死机。消磁电路由一个消磁电阻、一个消磁线圈组成。消磁线圈安放在显像管上,一般情况下不会坏,易坏的是消磁电阻。消磁电路如果坏了,短时间不会有太大影响,但如果时间长了,显像管上就会出现杂乱的彩色斑块,或者显示的颜色不正常。

是谁发明了电视机?

人们通常把 1925 年 10 月 2 日苏格兰人约翰·洛吉·贝尔德在伦敦的一次实验中"扫描"出木偶的图像看作是电视诞生的标志,因此,约翰·洛吉·贝尔德被称为"电视之父"。但是,这种看法是存在争议

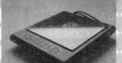

的。因为就在同一年，美国人斯福罗金在西屋公司向他的老板展示了他的电视系统。

尽管时间相同，但约翰·洛吉·贝尔德与斯福罗金的电视系统是有着很大差别的。历史上将约翰·洛吉·贝尔德的电视系统称做机械式电视，而斯福罗金的系统则被称为电子式电视。这种差别主要是因为传输和接收原理不同。

如何正确使用和保养电视机？

电视机应该如何正确使用和保养呢？可以从以下几方面考虑：

(1)选择适当尺寸的电视机。

要根据家庭人口的多少、房间的大小选择适当尺寸的电视机。大尺寸的电视机虽然看起来舒服，但是耗电量大，观看距离远，所以不适合普通的小家庭使用。

(2)控制电视屏幕的亮度。

控制电视屏幕的亮度是节能省电的一个有效途径。过高的亮度不仅耗电多，而且会减损电视机的寿命，对视力也不好。

(3)电视机不看时应拔掉电源插头。

电视机关闭后，显像管仍有灯丝余热，特别是遥控电视机，如果整机处在待用状态，会耗损不少电量。一般情况下，待机10小时，会消耗半度电左右。

(4)电视机音量不宜过大。

每增加1瓦的音频功率就会增加3~4瓦的功耗，而且音量过大容易出现噪音。

(5)观看影碟时，最好使用AV状态。

在 AV 状态下，信号是直接接入的，可以减少电视高频头的工作，耗电量自然就降低了。

(6)最好给电视机加一个防尘罩。

给电视机加一个防尘罩可以防止电视机吸入灰尘，灰尘多了有可能导致漏电，不仅增加电耗，还会影响图像和伴音质量。

有线电视和无线电视有什么不同？

随着现代科学技术的迅速发展，无线电视一统天下的局面已被打破，一种新兴电视系统——有线电视逐渐流行起来。

有线电视与无线电视的主要区别有如下几点：

(1)传播方式不同。

无线电视采用的是无线电波技术，以开路方式发射电视信号，经空间电磁波传递到四面八方；有线电视则采取闭路传输方式，以电缆或光缆为主要传输介质，直接向用户传送电视节目。

(2)传播效果不同。

无线电视采用开路发射，势必受到诸如空间电波干扰、风雨雷电、房屋建筑的阻挡等客观因素的影响，因此音像效果较差；有线电视采用闭路传输，基本上克服了外部因素的影响，因而能保持稳定清晰的音像效果。

(3)传播节目的数量有差别。

在无线电视系统中，每增加一套节目就必须增加一整套接收和发射设备，而相邻频道、相邻电视台之间会存在较强的相互干扰，这就大大限制了节目数量的增加。有线电视有效地抑制了频道间的相互干扰，同一套传输设备传输节目少则数套、多则数十套甚至上百

一口气读懂电子常识

套,而且还可以方便地开展自办节目。

(4)环境条件有差别。

无线电视覆盖面广,适于在人口分散的农村和边远地区使用。有线电视则适于在居民集中的城镇发展，因为它可以克服城市楼顶天线林立的现象。

(5)发展趋势不同。

利用卫星转播是无线电视目前和将来发展的有效途径。三颗等分定点卫星就可以覆盖全球，使无线电视的影响渗透到地球的任意角落。同时,卫星电视频道的开发和利用给无线电视文艺台、体育台、电影台、教育台、图文电视等专业节目的发展提供了良机,极大地增强了无线电视的影响力。有线电视在光纤技术支持下与电话的双向通信技术、计算机的多媒体技术相结合,组成了综合信息网,使图像、声音、文字数据三者融为一体,给用户提供了全方位、多角度、多功能的服务,其发展前景不可限量。

无线电视和有线电视虽然属于不同的电视系统，但二者又是密不可分的。无线电视卫星转播给有线电视网提供了丰富的节目源。有线电视接收无线电视信号加以放大,传送到千家万户,既丰富了自身节目，又是对无线电视的补充、延伸和改良。

如何正确使用彩电遥控器？

在看电视时,使用红外线遥控器选择频道非常方便。但一定要注意正确的使用方法:

(1)遥控器一定要轻拿轻放,切勿摔压,也不能同时按几个功能键。

（2）遥控器的发射口要保持清洁。

（3）使用距离应在 10 米之内。遥控器与电视机之间不能有任何障碍物。使用遥控器时，室内光线不宜太亮，应避开阳光直射。

（4）遥控器中的电池一般能使用半年左右，如果遥控器的遥控距离明显缩短了，就意味着要更换新电池了。如果长期不使用遥控器，一定要将电池取出，以防电池变质漏出有害化学物质，损坏遥控器。

安装室外天线应注意些什么？

（1）首先应选择固定室外天线的位置和方向。对远离电视台的地区，天线的位置将明显影响到接收效果。合适的位置选择应通过接收实验来确定：在便于架设天线的地方，缓缓转动天线的方向，以图像最清晰、重影现象及干扰最小为最佳方向。如果是多频道天线，还要转换各个接收频道，兼顾各个频道的效果来确定最佳位置。

（2）天线可架设在屋顶、阳台、窗外。一定要注意架设牢固，防止被强风刮倒。还要避免和附近的电灯线或电话线相接触。最好装上避雷器，以防雷击。

（3）确定天线的高度。在距离电视台较近的地方，室外天线只要高出屋顶就可以了。在距离电视台较远的地区，天线高度应在 10 米左右。

（4）馈线与天线振子应焊牢，要用绝缘物固定天线。馈线的走向不能与电源线或电话线平行和靠近。多余的馈线要剪除。同时还要注意馈线与天线及电视机的阻抗匹配。

什么是 CD？

CD 的全称是 Compact Disc，意思是激光唱片。CD 代表的是小型

镭射盘,是一个用于所有 CD 媒体格式的术语。现在市场上的 CD 格式主要包括声频 CD、CD-ROM、CD-ROM XA、照片 CD、CD-I 和视频 CD 等等。在这多样的 CD 格式中,人们最为熟悉的是声频 CD,它是一个用于存储声音信号轨道(如音乐和歌曲)的标准 CD 格式。CD 数字声频信号(CDDA)是由 Sony 和 Philip 在 1980 年期间作为音乐传播的一个形式来介绍的。因为声频 CD 的巨大成功,今天这种媒体的用途已经扩展至进行数据储存,目的是数据存档和传递。和各种传统数据储存的媒体 (如软盘或录音带) 相比,CD 最适于储存大数量的数据,它可以存储任何形式或组合的计算机文件、声频信号数据、照片映像文件,软件应用程序或视频数据。

什么是 VCD?

VCD 即影音光碟,是 Video Compact Disc 的缩写,是一种在光碟(Compact Disk)上存储视频信息的标准。VCD 可以在个人电脑、VCD播放器以及大部分 DVD 播放器上播放。VCD 标准由索尼、飞利浦、JVC、松下等电器生产厂商联合于 1993 年制定,属于数字光盘的白皮书标准。VCD 其实是一种压缩过的图像格式。

是谁制造了第一台 VCD 影碟机?

VCD 视盘机是一种集光、电、机械技术于一体的数字音像产品,是 MPEG 数字压缩技术与 CD 技术结合的产物。MPEG 的全名是 Moving Pictures Experts Group,中文译名是动态图像专家组。

VCD 视盘机的机芯、激光头及其伺服电路、数字信号处理电路与 CD 唱机相同,只是在 CD 机的基础上增加了一套 MPEG 解码电路和视频 D/A 变换与编码电路。因此,VCD 视盘机可播放 CD 光盘以及

一口气读懂电子常识

VCD 光盘。

20 世纪 90 年代初,广东江门"万燕"研发生产出世界第一台家庭 VCD,开创了世界 VCD 的先河。

提起"万燕",就不能不提到姜万勐和孙燕生这两人。1993 年 9 月,他们将 MPEG(图象解压缩)技术应用到音像视听产品上,成功研制出一种全新的物美价廉的视听产品,这就是世界第一台 VCD。

什么是 DVD?

DVD 的意思是数字多功能光盘,是 Digital Versatile Disc 的缩写,是一种光盘存储介质,通常用来存储标准电视机清晰度的电影、高质量的音乐以及大容量的存储数据等等。DVD 与 CD 的外观相似,它们的直径都是 120 毫米左右。

在诞生之初,DVD 的全称是 Digital Video Disc(数字视频光盘),目前则称为"Digital Versatile Disc",即"数字多用途光盘"。

什么是 EVD?

EVD 是 Enhanced Versatile Disk 的缩写,意思是增强型多媒体盘片系统,俗称"新一代高密度数字激光视盘系统",是 DVD 的升级产品。EVD 产品的解像度是 DVD 的 5 倍,在声音效果方面则在国际上首次同时实现高保真和环绕声,一张 EVD 影碟目前可存储约 110 分钟的影音节目。EVD 将震撼音效和亮丽画质完美结合,在世界上首次基于光盘实现了高清晰度数字节目的存储和播放。

与超级 VCD 和 DVD 相比,EVD 有很多技术优势,首先是高清晰度,EVD 的像素较 DVD 增长了近 5 倍,并可接收数字电视节目;其次是具有独特的"可擦写功能",可直接录制节目并把播出的节目直接

一口气读懂电子常识

刻成光盘;另外,EVD 完全和计算机兼容,通过它把家电和计算机连接起来,可建立家庭内部的信息化网络。

如何保养 VCD、DVD 影碟机?

(1)防震

虽然高质量的 VCD 或 DVD 机防震性能比较好,但是大多数 VCD 或 DVD 机都不宜在有震动的地方使用,否则会影响其激光扫描精度,使音画质量受到严重影响。因此,使用 VCD 或 DVD 机时不宜经常搬动,更不可碰撞和冲击。在搬运时应轻拿轻放,以免影响机内元件。

(2)防尘

VCD 或 DVD 机部件精密度增高,如果有灰尘进入机内,会使其部件工作不正常,甚至还可能造成损坏。因此,VCD 或 DVD 机应放置在清洁的环境中并采取相应的防尘措施。除尘时应在停机状态下利用电吹风冷吹或吸尘器吸的方式,不要经常拆机除尘。

(3)防寒

在气温较低的冬、春季节,若将 VCD 或 DVD 机放置在门口、窗口等迎风处必然会使 VCD 或 DVD 机受到寒冷刺激。这样就会使 VCD 或 DVD 机因"感冒"而不能正常使用并加速元件的老化。

(4)防热

VCD 或 DVD 机既怕寒又怕热,最好放置在阴凉通风处,不宜受阳光直射或靠近炉灶、取暖器等热源。不要把 VCD 或 DVD 机放在功放、稳压器上面,也不能置于地毯、沙发或床垫上,以免阻碍机体散热。

一口气读懂电子常识

(5)防潮

VCD 或 DVD 机受潮容易使光学镜头模糊,导致激光束不能正常拾取信号。当气候潮湿或天气冷热骤变时,会使机内产生水滴或雾气,使用前应先让 VCD 或 DVD 机通电预热几分钟,然后再放置碟片播放。平时机子周围应保持干爽,遇潮湿天气应经常开机以驱散湿气。

如何处理 VCD 或 DVD 机的常见故障?

正确处理 VCD 或 DVD 机的常见故障,主要从以下几方面考虑:

(1)开机后不能正常播放。

①碟片脏。可用 VCD 专用清洁剂或用软棉布沾纯净蒸馏水擦拭碟片,干净后再试用。

②机内碟片重叠、卡住或滑出槽外。应打开机壳摆正碟片或取出多余碟片。

③环境温度低而失常。可以边加热边试机,待正常时立即停止加热。

④激光头上有异物。可用 VCD 机专用清洁剂清洁,或打开机壳,用软棉布沾少许纯净蒸馏水轻拭激光头,操作时应特别小心,必要时可请专业人员维修。

(2)播放中突然失控。

①遥控器的按键没有复位或遥控器电池失效。检查遥控器按键或更换遥控器电池。

②机内温度过高。开机时间太长或环境温度高所致。这时应立即停机降温,再重新开机,必要时用风扇降温。

(3)播放中突然停机。

①电源插座与插头接触不良或停电。先查明原因再采取相应措施。

②误按了关机键。需要重新开机。

③工作在播放定时状态。重新开机,取消播放定时。

什么是磁带？

磁带是一种用来记录声音、图像、数字或其他信号的载有磁层的带状材料,是产量最大和用途最广的一种磁记录材料。磁带一般是在塑料薄膜带基(支持体)上涂覆一层颗粒状磁性材料(如针状 γ-Fe2O3 磁粉或金属磁粉)或蒸发沉积上一层磁性氧化物或合金薄膜而成。

磁带按用途可大致分成录音带、录像带、计算机带和仪表磁带四种。

录音带出现于 20 世纪 30 年代,是用量最大的一种磁带。1963 年,荷兰菲利浦公司研制成盒式录音带,由于具有轻便、耐用、互换性强等优点而得到迅速发展。1973 年,日本研制成功 Avilyn 包钴磁粉带。1978 年,美国生产出金属磁粉带。日本日立玛克赛尔公司创造了 MCMT 技术(即特殊定向技术、超微粒子及其分散技术),并由此制成了微型及数码盒式录音带,这使得录音带又达到一个新的水平,使音频记录进入了数字化时代。我国在 60 年代初开始生产录音带,1975 年试制成功盒式录音带。

自从 1956 年美国安佩克斯公司制成录像机以来,录像带已从电视广播逐步扩展到科学技术、文化教育、电影和家庭娱乐等领域。除了用二氧化铬包钴磁粉以及金属磁粉制成录像带外,近年来日本还

制成微型镀膜录像带,并开发了钡铁氧体型垂直磁化录像带。

计算机带作为数字信息的存贮工具,具有容量大、价格低的优点,主要大量用于计算机的外存贮器。

仪表磁带也叫仪器磁带或精密磁带。近代科学技术的发展,常需要把人们无法接近的测量数据自动而连续地记录下来,即所谓遥控遥测技术。如原子弹爆炸和卫星空间探测都要求准确无误地同时记录上百、上千个数据。仪表磁带就是在这种背景下发展起来的,它是自动化和磁记录技术相结合的产物。对这种磁带的性能和制造都有着相当严格的要求。

盒式磁带有哪几种类型?

磁带种类繁多,电磁性能也不尽相同,按照磁带所含磁粉的化学成分,磁带大体可分为以下5种:

(1)由三氧化二铁(γ-Fe2O3)或四氧化三铁(Fe3O4)制造而成的,简称铁带,即普通磁带。属于这类产品的主要有:低噪声磁带、低噪声高输出磁带、超动态磁带和高保真磁带。

(2)由二氧化铬(CrO2)制造而成的,简称铬带,具有高频响应好、动态范围宽、噪声小的特点,性能优于铁带。在录音时,铬带与铁带相比,铬带需要较大的偏磁电流、较高的抹音功率及不同的频率均衡网络。铬带本身质地坚硬,磁头易于磨损,应采用高强度的磁头。

(3)铬铁带,磁带表面为铬,里层为铁,这种磁带兼有铁带低中频灵敏度高、铬带高频响应好的优点,属于高档产品。

(4)钴铁带[Co(OH)2-γ-Fe2O3],超"埃维林"磁带就属于这一类。它的性能赶上和超过了铬带,并且没有铬带易磨损磁头的缺点,作原

版带使用最为理想。

(5)还有一种是金属带(Metal),它是由纯金属粉末或盒粉末制造的,外观像碳一样黑。金属带具有极其优良的性能,它的能量是钴铁带的 4 倍,矫顽力是铁带的 2 倍。有些磁带高频信号稍大,就会产生畸变失真,而金属带则不会出现这种情况,特别是近年来电子音乐盛行,要想获得极佳的音响效果,金属带最为理想。

收音机的工作原理是怎样的？

收音机是由机械、电子、磁铁等构成,用电能将电波信号转换为声音,用来收听广播电台发射的电波信号的电子机器。

收音机的工作原理是这样的:把从天线接收到的高频信号经检波(解调)还原成音频信号,送到耳机或喇叭变成音波。由于科技的进步,天空中有很多不同频率的无线电波。如果把这许多电波全都接收下来,音频信号就会像处于集市中一样杂乱无章。为了选择所需要的节目,收音机设有一个选择性电路,它的作用是把所需的信号(电台)挑选出来,并把不要的信号"滤掉",以免产生干扰,这就是我们收听收音机时所使用的"选台"按钮。选择性电路的输出是选出某个电台的高频调幅信号,利用它直接推动耳机或扬声器是不行的,还必须把它恢复成原来的音频信号,这种还原电路称为解调,把解调的音频信号送到耳机或扬声器,就可以收听到广播节目了。

收音机的发展经历了怎样一个过程？

无线电通讯发明的历史是多位科学家先后研究发明的结果。

1888 年,德国科学家赫兹发现了无线电波的存在。

1895 年, 俄罗斯物理学家波波夫宣称在相距 600 码（合 548.64

米)的两地,成功地收发无线电讯号;同一年稍后,年仅 21 岁的马可尼在他父亲的庄园土地内,以无线电波成功地进行了第一次发射。

1897 年,波波夫以自己制作的无线通讯设备,在海军巡洋舰上与陆地上的站台进行通讯并获得成功。

1901 年,马可尼发射无线电波横越大西洋。

1906 年,加拿大发明家费森登首度发射出"声音",无线电广播从此开始;同年,美国人德·福雷斯特发明真空电子管,成为真空管收音机的始祖。

1923 年 1 月 23 日,美国人在上海创办中国无线电公司,播送广播节目,同时出售收音机。

1953 年,中国研制出第一台全国产化收音机——"红星牌"电子管收音机。

1958 年,我国第一部国产半导体收音机研制成功。

1982 年,出现了集成电路收音机、硅锗管混合线路和音频输出 OTL 电路的收音机。

1985~1989 年,随着电视机和录音机的发展,晶体管收音机销量逐年下降,电子管收音机逐渐被淘汰。收音机款式从大台式转向袖珍型。

什么是录音机?

录音机是把声音记录下来以便重放的电子机器,它以硬磁性材料为载体,利用磁性材料的剩磁特性将声音信号记录在载体上,一般都具有重放功能。

磁带录音机的种类很多,按使用磁带形式分为盘式录音机、盒式

录音机、卡式录音机;按体积分为落地式录音机、台式录音机、录音座、便携式录音机、袖珍式录音机;按功能分为立体声录音机、单放机、跟读机、多用机等等。目前,家用录音机大多为盒式磁带录音机。

是谁发明了录音机?

早先的录音机叫做留声机,诞生于 1877 年,是发明大王——爱迪生制造的。爱迪生发现电话传话器里的膜板会随着说话声引起震动,他利用这种现象拿短针做试验,从中得到很大的启发:说话的快慢高低能使短针产生相应的不同颤动;那么,反过来,这种颤动也一定能发出原先的说话声音。于是,爱迪生开始研究声音重发的技术。

1877 年 8 月 15 日,爱迪生让助手按图样制出一台由大圆筒、曲柄、受话机和膜板组成的"怪机器"。爱迪生指着这台"怪机器":"这是一台会说话的机器。"他取出一张锡箔,卷在刻有螺旋槽纹的金属圆筒上,让针的一头轻擦着锡箔转动,另一头和受话机连接。爱迪生摇动曲柄,对着受话机唱起了"玛丽有只小羊羔,雪球儿似一身毛……"。唱完后,他把针又放回原处,轻悠悠地再摇动曲柄。接着,机器开始不紧不慢、一圈又一圈地转动起来,并唱起了"玛丽有只小羊羔……",与刚才爱迪生唱的一模一样。

"会说话的机器"刚一诞生,就轰动了全世界。1877 年 12 月,爱迪生公开表演了留声机,人们立刻把他誉为"科学界的拿破仑"。

什么是录像机?

录像机是供记录电视图像及伴音、能存储电视节目视频信号、并且能把它们重新送到电视发射机或直接送到电视机中的磁带记录器。录像机大致分为磁性录像机、电视屏幕录像机、电子束录像机、硬

一口气读懂电子常识

盘式录像机、闪存式录像机、屏幕录像机、QQ 视频录像机、摄像头录像机、视频录像机等类型。

微波炉的工作原理是怎样的?

1946 年,斯潘瑟还是美国雷声公司的研究员。一个偶然的机会,他发现微波溶化了糖果。事实证明,微波辐射能引起食物内部的分子振动,从而产生热量。1947 年,第一台微波炉问世。

微波炉是用微波来煮饭烧菜的厨具。微波是一种电磁波,这种电磁波的能量不仅比通常的无线电波大得多,而且还很有"个性",微波一碰到金属就发生反射,金属根本无法吸收或传导它;微波可以穿过玻璃、陶瓷、塑料等绝缘材料,但不会消耗能量;微波可以穿透含有水分的食物,其能量还会被食物所吸收。

微波炉正是利用微波的这些特性研制成功的。微波炉的外壳用不锈钢等金属材料制成,可以阻挡微波从炉内"逃出",以免损害人们的身体健康。微波炉的心脏是磁控管。磁控管是一种电子管,是个微波发生器,它能产生振动频率为 24.5 亿次/秒的微波。这种肉眼看不见的微波,能穿透食物达 5 厘米深,并使食物中的水分子随之运动,进而产生大量的热能,于是食物就被"煮"熟了。这就是微波炉加热的原理。用普通炉灶煮食物时,热量总是从食物外部逐渐进入食物内部的。而用微波炉烹饪,热量则是直接深入食物内部,所以烹饪速度比其他炉灶快 4~10 倍,热效率高达 80% 以上。

微波炉由于烹饪所需的时间很短,所以能很好地保持食物中的维生素和天然风味。比如,用微波炉煮青豌豆,几乎可以使维生素 C 一点都不损失。另外,微波有很好的消毒杀菌作用。

使用微波炉有哪些注意事项？

使用微波炉时,应注意以下几项:

(1)微波炉要放置在通风的地方,附近不要有磁性物质,以免干扰炉腔内磁场的均匀状态,导致工作效率下降。还要和电视机、收音机等电气设备离开一定的距离,否则会影响它们的视听效果。

(2)炉内未放烹饪食品时,不要通电工作。微波炉空载运行容易损坏磁控管。为防止一时疏忽而造成空载运行,可在炉腔内放置一个盛水的玻璃杯。

(3)凡是金属的餐具、竹器、塑料、漆器等不耐热的容器以及有凹凸状的玻璃制品,均不宜在微波炉中使用。瓷制碗碟也不能镶有金、银花边。盛装食品的容器一定要放在微波炉专用的盘子中,不能直接放在炉腔内。

(4)微波炉的加热时间要视材料及用量而定,还与食物的新鲜程度、含水量有关。由于各种食物的加热时间不尽相同,故在不能肯定食物所需加热时间时,应以较短时间为宜,加热后可视食物的生熟程度再追加加热时间。

(5)带壳的鸡蛋、带密封包装的食品不能直接烹调,以免发生爆炸。

(6)一定要关好炉门,确保连锁开关和安全开关的闭合。微波炉关掉后,不宜立即取出食物,因为此时炉内尚有余热,食物还可继续烹调,应过1分钟后再取出为好。

(7)炉内应经常保持清洁。在断开电源后,使用湿布和中性洗涤剂擦拭,不要冲洗,不能让水流入炉内的电器元件中。

一口气读懂电子常识

(8)定期检查炉门四周和门锁,如有损坏、闭合不良,应停止使用,以防微波泄漏。不宜把脸贴近微波炉观察窗,防止眼睛因微波辐射而受损伤。也不宜长时间停留在微波炉旁边,以免受到微波照射,引起头晕、目眩、乏力、消瘦、脱发等症状。

使用微波炉有哪些禁忌?

使用微波炉时有以下禁忌:

(1)忌用普通塑料容器。一是热的食物会使塑料容器变形,二是普通塑料会放出有毒物质,污染食物,危害人体健康。应该使用专门的微波炉器皿盛装食物放入微波炉中加热。

(2)忌用金属器皿。因为放入炉内的铁、铝、不锈钢、搪瓷等器皿,微波炉在加热时会与之产生电火花并反射微波,既损伤炉体又加热不熟食物。

(3)忌使用封闭容器。加热液体时应使用广口容器,因为在封闭容器内食物加热产生的热量不容易散发,使容器内压力过高,容易引起爆破事故。即使在煎煮带壳食物时,也要事先用针或筷子将壳刺破,以免加热后引起爆裂、飞溅弄脏炉壁,或者溅出伤人。

(4)忌超时加热。食品放入微波炉解冻或加热,如果忘记取出,时间超过 2 小时,则应丢弃不要,以免引起食物中毒。

(5)忌将肉类加热至半熟后再用微波炉加热。因为在半熟的食品中细菌仍会生长,第二次再用微波炉加热时,由于时间短,不可能将细菌全部杀死。冰冻肉类食品须先在微波炉中解冻,然后再加热为熟食。

(6)忌再冷冻经微波炉解冻过的肉类。因为肉类在微波炉中解冻

后，实际上已将外面一层低温加热了，在此温度下细菌是可以繁殖的，再次冷冻虽然可使细菌停止繁殖，却不能将活菌杀死。已用微波炉解冻的肉类，如果再放入冰箱冷冻，必须加热至全熟。

(7)忌油炸食品。因高温油会发生飞溅导致火灾。如万一不慎引起炉内起火，切忌开门，应首先关闭电源，待火熄灭后再开门降温。

(8)忌将微炉置于卧室，同时应注意不要用物品覆盖微波炉上的散热窗栅。

(9)忌长时间在微波炉前工作。开启微波炉后，人应尽快远离微波炉，距离至少在 1 米之外。

如何清除微波炉顽垢?

微波炉用过后如果不随即擦拭，很容易在内部结成油垢，所以要及时除垢:

(1)将一个装有热水的容器放入微波炉内加热 2~3 分钟，让微波炉内充满蒸汽，这样可使顽垢因饱含水分而变得松软。

(2)清洁时，用中性清洁剂的稀释水先擦一遍，再分别用清水洗过的抹布和干抹布作最后的清洁。

(3)如果仍不能将顽垢除掉，可以使用塑料卡片之类的工具来刮除，千万不能用金属片刮，以免伤及内部。

(4)清洗后，将微波炉门打开，让内部彻底风干。

电磁炉的工作原理是怎样的?

电磁炉通过电子线路板产生交变磁场，当把铁质锅具放置炉面时，锅具即切割交变磁力线，从而在锅具底部金属部分产生交变的电流(即涡流)，涡流使锅具铁原子高速无规则运动，这些铁原子互相碰

一口气读懂电子常识

撞、摩擦产生热能，从而实现加热和烹饪食物的目的。因此，电磁炉煮食的热源来自于锅具底部，而不是电磁炉本身发热传导给锅具，也正是因为这个原理，电磁炉的热效率要比所有炊具的效率高出近1倍。电磁炉具有升温快、热效率高、无明火、无烟尘、无有害气体、对周围环境不产生热辐射、体积小巧、安全性好和外观美观等优点，能完成家庭绝大部分烹饪任务。因此，在电磁炉较为普及的一些国家里，人们誉之为"烹饪之神"和"绿色炉具"。

由于电磁炉是由锅底直接感应磁场产生涡流来产生热量的，因此应该选择对磁敏感度较强的铁制锅具作为炊具，由于铁对磁场的吸收充分、屏蔽效果也非常好，这样就减少了很多的磁辐射，所以铁锅比其他材质的炊具要更加安全。此外，铁是对人体健康有益的物质，也是人体长期需要摄取的必要元素。

如何选购电磁炉？

电磁炉在选购时需要注意哪些呢？

(1)功率

市场上的电磁炉功率一般在800~1800瓦之间。功率越大，加热速度越快，但耗电也越多，售价随之就高，因此选购时应根据用餐人数及使用情况而定。一般来说，3人以下家庭选1000瓦以下；4~5人选1300瓦；6~7人选1600瓦；8人以上选1800瓦。

(2)关键元器件

电磁炉的质量主要取决于高频大功率晶体管和陶瓷微晶玻璃面板的质量优劣。选购时，务必购买高速、高电压、大电流的单只大功率晶体管的电磁炉，因为这种电磁炉质量好、性能优、可靠性高、不易损

坏。不宜购买几只大功率晶体管串联或并联使用的电磁炉。

(3)面板

必须选购正宗的陶瓷微晶玻璃面板的电磁炉,其面板特征是:乳白色,不透明,触摸面板上的印花图案手感凹凸明显。

(4)保护功能

电磁炉应具备多种保护装置才好,包括小物件检测、过热自动停机保护、过压或欠压自动停机保护、空烧自动停止加热保护、2 小时断电保护、1~2 分钟自动停机保护以及声光报警显示等。在购买时,应按《使用说明书》的有关检测方法,通电试机看其保护功能是否正常。

(5)售价

在同等功率和保护功能相同情况下要货比三家,名牌电磁炉虽然质量和性能好,但售价往往较贵。

(6)检测电气性能

用配套的锅具加入 0.5 千克凉水,接通电源,按下"加热"按键,在常温下加热 4~5 分钟将其烧开,说明电磁炉加热基本正常。当水烧开之后,仔细听应只听到风扇电机的轻微转动声,不应有异常噪声或震动声。最后拔下电源插头,用手触摸电源插头为常温或稍有微温的,说明电磁炉电气性能良好。

如何正确使用电磁炉?

电磁炉应该如何正确使用呢?

(1)电源线必须符合要求。

电磁炉的功率都比较大,所以在配置电源线时,应选能承受 15

安电流的铜芯线,配套使用的插座、插头、开关等也要达到这一要求。否则,电磁炉工作时的大电流会使电线、插座等发热或烧坏。另外,如果条件允许,最好在电源线插座处安装一个保险盒,以确保安全。

(2)放置必须平整。

放置电磁炉的桌面要平整,特别是在餐桌上吃火锅时更应注意。如果桌面不平,使电磁炉的某一脚悬空,使用时锅具的重力将会迫使炉体强行变形甚至损坏。另外,如桌面有倾斜度,当电磁炉对锅具加温时,锅具产生的微震也容易使锅具滑出而造成危险事故。

(3)确保气孔通畅。

工作中的电磁炉会随锅具的升温而升温。因此,在厨房里安放电磁炉时,应保证炉体的进、排气孔处无任何物体阻挡。炉体的侧面、下面不要垫一些有可能损害电磁炉的物体、液体。当电磁炉在工作中,如发现其内置的风扇不转,应该立即停用,并及时检修。

(4)锅具不可过重。

电磁炉不同于砖或铁等材料结构制成的炉具, 其承载重量是有限的, 一般连锅具带食物不能超过 5 千克, 而且锅具底部也不宜过小,以使电磁炉炉面的受压力不至于过重、过于集中。万一需要对超重超大的锅具进行加热,应对锅具另设支撑架,然后把电磁炉插入锅底。

(5)要注意清洁炉具的正确方法。

电磁炉同其他电器一样,在使用中要注意防水防潮,避免接触有害液体。不能把电磁炉放入水中清洗或用水进行直接的冲洗,也不能用溶剂、汽油来清洗炉面或炉体。另外,也不要用金属刷、砂布等较硬

的工具来擦拭炉面上的油迹污垢。清除污垢可用软布沾水抹去。如是油污,可用软布沾一点低浓度洗衣粉水来擦拭。正在使用或刚使用结束的炉面不要马上用冷水去擦。为避免油污沾污炉面或炉体,减少对电磁炉的清洗,在使用电磁炉时可在炉面放一张略大于炉面的纸,以此来沾吸锅具内跳溢出的水、油等污物。

(6)检测炉具保护功能要完好。

电磁炉具有良好的自动检测和自我保护功能,它可以检测出如炉面器具(是否为金属底)、使用是否得当、炉温是否过高等情况。如果电磁炉的这些功能丧失,使用电磁炉是很危险的。

(7)按按钮要轻而干脆。

电磁炉的按钮属轻触型,使用时手指的用力不宜过重,要轻触轻按。当所按动的按钮启动后,手指就应离开,不要按住不放,以免损伤簧片和导电接触片。

(8)炉面有损伤时应停用。

电磁炉炉面是晶化陶瓷板,属易碎物,一旦破损,容易造成危险事故。

(9)容器水量不要超过七分满,避免加热后溢出造成机板短路。

(10)容器必须放置电磁炉炉面板的中央。

因为电磁炉利用磁性加热,当容器偏移时,容易造成无法平衡散热,时间久了会产生故障。

(11)加热至高温时,直接拿起容器再放下,易造成故障。因为瞬间功率忽大忽小,容易损坏机板。

一口气读懂电子常识

如何正确使用洗衣机？

洗衣机应该如何正确使用呢？

(1)应根据衣物的数量和脏污程度来确定洗衣的时间。

一般合成纤维和毛织品,洗涤2~4分钟;棉麻织物,洗涤5~8分钟;特别脏的衣物洗涤10~12分钟。洗涤后漂洗的时间约3~4分钟即可。相应的缩短洗衣时间不仅可以省电节能,还可以延长洗衣机和衣物的使用寿命。

(2)合理选择洗衣机的功能开关。

洗衣机有强、中、弱三种洗涤功能,其耗电量是不一样的。一般丝绸、毛料等高档衣料,只适合弱洗;棉布、混纺、化纤、涤纶等衣料,适合采用中洗;只有厚绒毯、沙发布和帆布等织物才采用强洗。衣物洗了头遍以后,最好将它拧干,挤尽脏水,这样可缩短漂洗时间,节省电能。

(3)洗涤时最好采用集中洗涤的方法。

即一桶清洗剂连续洗几批衣物,洗衣粉可适当增加,全部洗完后再逐一漂洗,这样既可以省电,又可以节省洗衣机的洗涤时间。

(4)定期收紧洗衣机皮带。

洗衣机使用一段时间后,带动洗衣机的皮带波轮往往会打滑,皮带打滑时,洗衣机的用电量不会减少,但是洗衣的效果却会变差。如果收紧洗衣机的皮带,就能恢复它原来的效果,从而达到节约电能的目的。

(5)采用优质洗衣粉。

洗衣粉的出泡多少与洗净能力之间并无必然联系。优质低泡洗

衣粉具有极高的去污能力,而且漂洗时十分容易,一般要比高泡洗衣粉少 1~2 次漂洗时间。

(6)深色和浅色衣服要分开。

在浸泡、洗涤、漂洗时,要将浅色衣物与深色衣物分开,按从浅到深的顺序进行。这样不仅可以避免深色衣物染花浅色衣物,还可根据脏污的程度选择洗涤时间,有利于省电节能。

洗衣机长期停用应该怎样保养?

如果洗衣机长期停用,应该注意以下几点:

(1)要排除积水,保持干净整洁。

(2)洗衣机应安放在干燥、无腐蚀性气体、无强酸、强碱侵蚀的地方,以免金属件生锈或电器元件降低绝缘性能。

(3)对波轮轴设有注油孔的洗衣机,应该给洗衣机注油一次,以防锈蚀。

(4)长期存放的洗衣机应盖上塑料薄膜或布罩,避免灰尘的侵蚀,保持洗衣机光亮、整洁。

(5)隔二三个月要开机试运转,防止部件生锈、电机绕组受潮。通电也是干燥绕组的一种手段,可避免停用时间过长而引起故障。

(6)洗衣机不要长期受阳光直射,以免褪色、老化。

如何正确使用电饭锅?

电饭锅在使用时应该注意以下几点:

(1)使用机械电饭锅时,电饭锅上要盖一条毛巾,但不要遮住出气孔,减少热量损失。米汤沸腾后,将按键抬起,利用电热盘的余热将米汤蒸干,再摁下按键,焖 15 分钟即可食用。

(2)尽量选择功率大的电饭锅,因为煮同量的米饭,700瓦的电饭锅要比500瓦的电饭锅省电。煮1千克的饭,500瓦的电饭锅需30分钟,耗电0.25千瓦时;如果用700瓦的电饭锅只需20分钟,耗电仅0.23千瓦时。

(3)应定时清洁电饭锅的电热盘,避免电热盘附着的油渍污物时间长了炭化成膜,影响导热性能、增加耗电量。

(4)利用电热盘余热。当电饭锅的红灯熄灭、黄灯亮时,表示米饭已熟,可关闭电源开关,利用电热盘的余热保温10分钟左右。

(5)避免高峰用电。同样功率的电饭锅,当电压低于其额值10%时,则需要延长用电时间12%左右,在用电高峰的时候,最好不用或少用电饭锅。

如何正确使用空调?

空调在使用时应该注意以下几点:

(1)在使用空调制冷时,应安装加厚的窗帘,少开门窗,以减少阳光的照射和热气的影响。

(2)人体感温度的临界点是33℃,高于33℃就会感到热,低于33℃则会感到凉。空气相对湿度50%、温度25℃时,人体感觉是最舒适的。据测算,开中央空调制冷时,将室温调高1℃,可省电10%以上,而这微小的变化并不影响人体的舒适感。在用家用空调制冷时,如果将室内温度设在25℃~28℃之间,要比低于25℃的状态下减少约6%的耗电量。

(3)空调启动时最耗电,应充分利用定时功能,使空调不必整夜运转,又能保持室内凉爽。例如从晚12时开始,设定4个小时即可。

一口气读懂电子常识

新购空调的家庭应首选变频空调，它能在短时间内达到室内设定温度，而压缩机又不会频繁开启，从而达到节能、降温的目的。

（4）要保持空调出气管畅通。空调上通风管道的灰尘等污染物堵住通风口，会使制冷效率降低。经过清洗，可加大 10%的风量，从而达到节能的效果，所以在夏季使用空调时，应特别注意清洗，并保证半个月清洗一次空调滤网，确保送风口通畅，降低因堵塞造成的损耗。

（5）安装空调要尽量选择背阴的房间或房间的背阴面，避免阳光直接照射在空调器上，如果不具备这种条件，则需要在空调器上加遮阳罩。

（6）分体式空调器室内外机组之间的连接管越短越好，并且要做好隔热保温，以减少耗电。

（7）空调使用过程的一些小细节：

空调运行当中，如果觉得太凉，无须关闭，只要将设定温度调高即可。

冷暖型空调制热时尽可能将导风板向下，制冷时导风板水平，可促进室内空调循环。

不能频繁启动压缩机，停机后必须隔 2~3 分钟才能开机，否则容易引起压缩机因超载而烧毁。

如何正确使用电热水器？

（1）在选购电热水器时，尽量选用节能效果好的产品。

一般来说，大厂家的产品品质好、信誉好，对于节能也格外重视。电热水器和冰箱、空调一样是家庭耗电大户，虽然国家目前还没有出台电热水器的能效标准，但是大厂商对于电热水器的节能技术的研

发却是非常重视的,品牌热水器一般都拥有节能变频、聪明定时、夜间省电、休眠功能、节耗免更换、超量热水输出、高效保温层、中温保温等十大节能技术。

(2)在使用电热水器时要充分利用其各种功能。

开启中温保温功能,保持水温在 45~50℃,这样可以尽量减少因热水温度高而与外界发生热交换所造成的热能损耗,当需要使用热水时,也可以随时使用;开启夜间半价电加热,在执行夜间半价电政策的地区,半价电时段开启,蓄热保温,高峰时段自动关闭,可减少近 50% 的电费支出;此外,一家人最好选择在同一时间段依次洗浴,这样加热更快、用电更省。

(3)使用电热水器应尽量避开用电高峰时间,夏天可将温控器调低,用淋浴代替盆浴,这样可以降低费用 2/3 左右。

(4)如果您家里每天都需要使用热水,并且您的热水器保温效果比较好,那么您应该让热水器始终通电,并设置在保温状态,因为保温一天所用的电要比把一箱凉水加热到相同温度所用的电少得多。

如何保养电冰箱?

电冰箱应该如何保养呢?

(1)定期清扫压缩机和冷凝器。

压缩机和冷凝器是冰箱的重要制冷部件,如果沾上灰尘会影响散热,导致零件使用寿命缩短、冰箱制冷效果减弱。挂背式冰箱的冷凝器、压缩机都裸露在外面,极易沾上灰尘、蜘蛛网等,所以要定期进行清扫。当然,使用完全平背设计的冰箱就不需要考虑这个问题了,因为平背式冰箱的冷凝器、压缩机都是内藏的,不会出现以上情况。

(2)定期清洁冰箱内部。

冰箱使用时间长了,冰箱内的气味很难闻,甚至会滋生细菌,影响食品原味,所以,冰箱使用一段时间后,要把冰箱内的食物取出来,给冰箱进行大扫除。

(3)冰箱清洁注意事项:

①清洁冰箱时要先切断电源,用软布蘸上清水或食具洗洁精,轻轻擦洗。

②不能使用洗衣粉、去污粉、滑石粉、碱性洗涤剂、开水、油类、刷子等清洗冰箱,以免损害箱外涂复层和箱内塑料零件。

③箱内附件肮脏积垢时,应拆下用清水或洗洁精清洗。电气零件表面应用干布擦拭。

④清洁完毕,将电源插头牢牢插好,检查温度控制器是否设定在正确位置。

⑤冰箱如果长时间不使用,应拔下电源插头,将箱内擦拭干净,待箱内充分干燥后,再将箱门关好。

如何正确使用和保养电风扇?

使用和保养电风扇应该注意以下几项:

(1)使用前应仔细阅读使用说明书,充分掌握电风扇的结构、性能及安装、使用和保养方法。

(2)台式、落地式电风扇必须使用有安全接地线的三芯插头与插座;吊扇应安装在顶棚较高的位置。

(3)电风扇的风叶是重要部件,不论在安装、拆卸、擦洗还是在使用时,都必须加强保护,以防变形。

(4)操作各项功能开关、按键、旋钮时,动作不能过猛、过快,也不能同时按两个按键。

(5)吊扇调速旋钮应缓慢顺序旋转,不应旋在档间位置,否则容易使吊扇发热、烧机。

(6)应及时清除电风扇的油污或积灰,不能用汽油或强碱液擦拭,以免损伤表面油漆部件。

(7)电风扇在使用过程中如出现烫手、异味、摇头不灵、转速变慢等故障,应及时切断电源检修。

(8)收藏电扇前应彻底清除表面油污和灰尘,然后用牛皮纸或干净布包裹好。存放的地点应干燥通风。

(9)启动电风扇时,最好先用快档,待转速正常后,再调节到慢档运行。这样不仅有利于保护电风扇,而且还可以节约用电。

(10)夏季切忌吹风时间过长、风力过大,最好采用摇头、低速、自然风挡,而睡觉时以睡眠风为好。

家用电器着火应该怎么办?

在使用家用电器时,难免会发生一些意外,如电器着火。一旦着火应该从以下几方面采取相应措施:

(1)立即切断电源,拔下电源插头或拉下总闸。

(2)如果是导线绝缘体和电器外壳等可燃材料着火,可用湿棉被等覆盖物封闭窒息灭火的办法灭火。

(3)不得用水扑灭电视机火灾,以防引起电视机的显象管炸裂伤人。

(4)家用电器发生火灾后未经修理不得接通电源使用,以免触电

一口气读懂电子常识

或再次发生火灾事故。

(5)切记:在没有切断电源的情况下,千万不能用水或泡沫灭火剂扑灭电器火灾,否则,随时都有触电的危险。

怎样安全使用电热毯?

冬天的时候,电热毯常被许多家庭普遍使用,那么如何安全使用电热毯,让我们平安度过寒冬呢?

(1)购买电热毯时,最好购买那些经过国家质量检验部门检验合格的产品,并严格按照使用要求和注意事项使用。

(2)敷设直线型电热线的电热毯,不能在"席梦思"、沙发床、钢丝床、弹簧床等伸缩性较大的床上使用。

(3)电热毯必须平铺在床单或较薄褥子下面,绝不能折叠起来使用。

(4)使用电热毯时,要有人在近旁监视。离家外出或者停电时,必须拔下电源线插头,以免因电热毯开关失灵,来电后造成意外事故。

(5)大多数电热毯接通电源30分钟后,温度就会上升到38℃左右,这时应将调温开关调至低温档,或直接关掉电热毯,否则温度会继续升高,长时间加热就有可能使电热毯的棉布炭化起火。

(6)不能将电热毯铺在有尖锐突起物的物体上使用,也不能直接铺在砂石地面上使用,更不能让小朋友在铺有电热毯的床上玩耍,以免损坏电热线。

(7)电热毯在使用和收存过程中,应尽量避免在同一位置处反复折叠打开,以防电热线因折叠疲劳而断裂,产生火花引起火灾。

(8)被尿湿或弄脏的电热毯,不能用手揉搓洗涤,否则会损坏电

一口气读懂电子常识

热线绝缘层或折断电热线。

(9)使用中若出现不热或时而热时而不热、开关失灵、电热线折断等故障,应送至厂家或家用电器维修店检修,切勿随意自行拆卸修理。

怎样预防电熨斗引起火灾?

普通电熨斗的结构比较简单,主要由金属底板、外壳、发热芯子、压铁、手柄和电源引线等组成。其规格按功率可分为 200~1000 瓦。功率越大,产生的温度就越高。据测试,将一只 700 瓦电熨斗通电 50 分钟,其表面温度可达 650℃。

那么,怎样才能预防电熨斗引起火灾呢?

(1)根据家中电表的容量选购合适的电熨斗。

(2)制做安全保险的熨斗支架。为了安全起见,可以采用不燃隔热材料制做一个带撑脚的电熨斗支架,使电熨斗离开台面约 20 厘米,这样即使忘了拔下电源插头,也可免除火患。

(3)使用中谨慎操作,熨烫衣物时要掌握好电熨斗的温度,发现过热应及时拔下电源插头。一定要养成"人离开,拔插头;暂不用,熨斗竖"的好习惯。如果使用过程中突然停电,更应及时拔下插头。

(4)电熨斗使用完,应待其冷却后再收藏。

如何正确使用和保养电动剃须刀?

电动剃须刀是每个男士的生活必须品,该如何正确使用和保养呢?

(1)避免在洗脸前剃须。这时,胡须不易刮净,需多次反复,剃须后皮肤会有绷紧感,并且极易损伤皮肤表面。同时,因为皮肤表层的

一口气读懂电子常识

污垢没有洗净,剃须时若损伤皮肤则易感染病菌。另外,在剃须过程中还容易损伤刀口,缩短刀片的寿命。所以应在洗脸结束后再剃须。

(2)剃须过程中胡须的状态是最重要的,你可以事先用温水或热水敷面,使肌肤毛孔张开,然后使用具有保护与滋润功能的剃须膏帮你完成剃须工作。应尽量避免干剃胡须,这样的剃须方法会使你的肌肤有烧灼感,并造成胡须向内生长的状况。

(3)剃须时最好分两遍剃除胡须。第一遍顺着胡须生长的方向剃须,可以剃掉80%的胡须。第二遍则逆着胡须生长的方向剃须,可使你的剃须效果更好。注意:避免第一遍即逆向剃须。

(4)剃须时并不是越用力就可以将胡须剃除得越干净,这样的做法反而会破坏皮肤保护层,使肌肤有更强烈的烧灼感,甚至还会损伤皮肤组织,造成肌肤过敏、损伤甚至溃疡。

(5)毛发种类各有不同,卷曲或坚硬的毛发有可能会出现内生长的情况,在清理这种胡须时千万不要用镊子拔,应该将它们拉出来,用剃须刀剃除。

(6)刀片不够锋利时,应及时更换。

(7)尽量避免在脸上使用含有过多酒精成分的古龙香水。

(8)在运动前不要刮胡子,因为汗水会刺激刚刮过胡子的皮肤。

(9)当身体疲劳、脸上生长酒刺、肿疮、皮肤出现发热、发痒或斑疹等症状时,最好不要使用电剃须刀。

(10)安装和拆卸电剃须刀时,一定要断开电源,停止电动机转动或电磁振动,否则,有被割伤的危险,内刀前端由于有锋利的刃口,装拆时需特别小心。

一口气读懂电子常识

(11)内外刀的刃口和孔隙很容易藏进须屑和皮屑，每次使用后应尽量用小刷子刷干净。由于须屑和皮脂的固化，会妨碍刀刃的运动和锋利，所以要经常去除残留在刃口上的杂物。

(12)由于外刀单薄，因此不要大力推压，以免变形。一旦变了形，会阻碍内刀转动，或者使用时会割伤皮肤。如果刃口发生变形，则应停止使用。

(13)碳刷式电动机的电剃须刀，每次使用时间不宜太长。否则，电动机的碳刷和整流子会被磨损，导致转动力减弱。

(14)为了保持电池的使用性能，应在环境温度为 0~40℃ 的范围内使用。长时间不使用时，应将干电池取出保存，以免因漏液损坏内部机件。

(15)充电式剃须刀，充电时应把开关放在关的位置上。

如何正确使用和保养抽油烟机？

抽油烟机是人们每天下厨房都要使用的电器，在使用过程中不知您是否碰到过油烟机噪音或震动过大、油烟抽不出去以及滴油、漏油等情况。现在我们就给大家介绍一些使用和保养抽油烟机的基本常识：

(1)油烟机的安装高度一定要恰当，这样既能保证不碰头，又能保证抽油烟的效果。

(2)为了避免油烟机噪音或震动过大、滴油、漏油，应定时对油烟机进行清洗，以免电机、涡轮和油烟机内表粘油过多。

(3)在使用抽油烟机时要保持厨房内的空气流通，这样能防止厨房内的空气形成负压，保证油烟机的抽吸能力。

一口气读懂电子常识

(4)不要擅自拆开油烟机进行清洗,因为电机一旦没装好就不能保证吸烟效果,而且会增大噪音。最好请专业人员进行清洗。

什么是音响?

音响主要由功放、周边设备(包括压限器、效果器、均衡器、VCD、DVD等)、扬声器(音箱或称喇叭)、调音台、麦克风、显示设备等等组合而成。其中,音箱是核心,是声音的输出设备。一个音箱里包括高、低、中三种扬声器。

音响技术的发展历史可以分为电子管、晶体管、集成电路、场效应管四个阶段。

1906年,美国人德福雷斯特发明了真空三极管,开创了人类电声技术的先河。1927年,贝尔实验室发明了负反馈技术,使音响技术的发展进入了一个崭新的时代,比如威廉逊放大器,就比较成功地运用了负反馈技术,使放大器的失真度大大降低。20世纪50年代,电子管放大器的发展达到了一个高潮阶段,各种电子管放大器层出不穷。由于电子管放大器音色甜美、圆润,到今天仍为发烧友们所偏爱。

20世纪60年代,出现了晶体管,使广大音响爱好者进入了一个更为广阔的音响天地。晶体管放大器具有细腻动人的音色、较低的失真度、较宽的频响及动态范围等特点。

20世纪60年代初,美国首先推出了音响技术中的又一新成员——集成电路,到了70年代初期,集成电路以其质优价廉、体积小、功能多等优点,逐步被音响界所青睐。发展至今,厚膜音响集成电路、运算放大集成电路被广泛应用于音响电路。

20世纪70年代中期,日本生产出第一只场效应功率管。由于场

一口气读懂电子常识

效应功率管同时具有电子管纯厚、甜美的音色以及动态范围达90分贝、THD<0.01%（100千赫兹时）等特点，很快在音响界流行起来。现今很多放大器中都采用了场效应管作为末级输出。

音箱如何放置？

音箱位置的正确放置是获得良好放音效果的重要因素，所以在摆放时必须注意以下几个问题：

（1）两只音箱之间的距离不能小于1.5~2米，并且要保持同一水平。音箱的左右两边与墙壁的距离应该大致相等。音箱的前面不能有任何杂物。

（2）音箱的高音单元与听音者的耳朵应保持同一水平线，听音者与两只音箱之间应成60度夹角，听音者的身后要留有一定的空间。

（3）两个音箱两侧的墙壁在声学上应保持一致，即两侧的墙壁对声波的反射应相同。

（4）如果音箱声波的方向性不宽，可将两只音箱略向内侧摆放。

（5）对于小型音箱如果感觉低频不够，可将音箱靠近墙角摆放。

音响器材在连接时需注意哪些问题？

音响器材各级之间的配接非常重要。如果连接不当，不但会影响器材的重放效果，甚至还可能损坏器材。

（1）器材连接的基本要求

①信号电平的匹配

在连接音响器材时，一定要注意各器材之间的输入、输出信号电平的差异。如果前级器材输入信号的电平过大，会产生非线性失真，反之则会降低重放系统的信噪比，甚至无法推动下一级器材的放大

一口气读懂电子常识

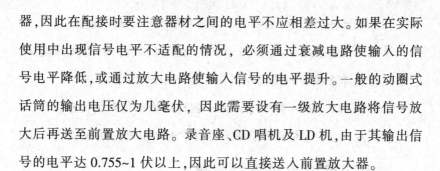

器,因此在配接时要注意器材之间的电平不应相差过大。如果在实际使用中出现信号电平不适配的情况，必须通过衰减电路使输入的信号电平降低，或通过放大电路使输入信号的电平提升。一般的动圈式话筒的输出电压仅为几毫伏，因此需要设有一级放大电路将信号放大后再送至前置放大电路。录音座、CD唱机及LD机，由于其输出信号的电平达0.755~1伏以上，因此可以直接送入前置放大器。

②阻抗的匹配

在HI-FI音响器材中，如果晶体管功率放大器的输出阻抗为低阻抗，而电子管功率放大器等器材的输出阻抗为高阻抗，则它们与扬声器连接时由于阻抗不匹配，就会使放大器的输出功率分配不均，或因阻尼过大使扬声器的瞬态特性变差。

阻抗匹配的连接一般有平衡式和不平衡式两种。所谓平衡式，指的是传输信号的两芯屏蔽线对地的阻抗相等。所谓不平衡式，指的是两芯屏蔽线中，其中有一根接地。当平衡输出与不平衡输入相连接时，必须通过加匹配变压器进行匹配。

(2)接插件的连接方法

在HI-FI音响器材中，器材的连接是依靠各种接插件来完成的，常用的接插件有以下几种。

①二芯插头：主要用来传输各种器材之间的信号以及作为话筒输入信号的输入插头。按其直径可分为有2.5毫米、3.5毫米、6.5毫米三种。

②莲花插头：主要用于在音频器材和视频器材之间作线路的输入和输出插头。

一口气读懂电子常识

③卡侬插头(XLR)：主要用于话筒和放大器之间的连接。

④五芯插座(DIN)：主要用于卡式录音座和放大器之间的连接，它可以将立体声输入和输出信号集中在一个插座上。

⑤RCA 插头：RCA 插头主要用于器材中视频信号的传输。

⑥F、M 插头：它主要用于视听器材中射频信号的输入和输出。

如何正确使用和维护音箱？

音箱是整个音响系统的核心,价值达全系统的 1/2 以上,所以必须正确使用和妥善保管。

(1)避免放置于阳光直接暴晒的地方,不要靠近热辐射器具,如火炉、暖气管等,也不要放置于潮湿的地方。

(2)音箱在连接到放大器之前,应先切断放大器的电源,以免损坏扬声器。

(3)与放大器的馈线连接应稳妥,在受到拉拽时不能掉下,正负极性不能接反。连接扬声器的馈线要足够粗,但不宜过长,以免造成损耗和使阻尼变坏。

(4)应注意扬声器的阻抗是否适合放大器的推荐值。

(5)不得超出额定功率使用,否则音质会变坏,甚至损坏扬声器。

(6)外壳应该用柔软、干燥的棉布擦拭,不要涂抹家具蜡或苯、醇类的物质。

(7)扬声器表面的尘埃只能用软毛刷清除,不能用吸尘器吸除。

(8)音箱应放置在坚固、结实的地板上,以免低音衰减。音箱的放置不能靠墙太近。

(9)不要将音箱放置得过于靠近电唱盘,以免产生声反馈造成啸

叫。

怎样减少家电互相干扰？

现在的家庭里,彩电、音响、空调、洗衣机、冰箱等各种现代化家用电器应有尽有,给人民的生活带来了极大的便利。

不过有些电器之间"脾性不合",让它们在一块儿工作,就会产生相互干扰的不良症状。那么,该怎样减少家电之间的互相干扰呢?

(1)电冰箱和电视机应尽量离得远一些,如果条件允许,不要把它们放在同一个房间里;如果条件不许可,也要分别安装电冰箱和电视机插头。相邻的住户,冰箱和彩电不要靠近同一面墙。电冰箱和电视机应分别安装上各自的保护器或稳压器,并要将两者的电源线分开,不要在同一面墙上。

(2)电视机和音响音箱要保持一定的距离,不要靠得太近,因为音箱中有带有很大磁性的扬声器,能在周围形成较强的磁场,而彩电的荧光屏后面装有一个钢性的栅网,如果长期处在较强的磁场中,就会被磁化,使电视机的色彩不均匀。

常用家电应如何清洗？

家用电器在使用一段时间后, 由于其强烈的静电会吸附大量的灰尘和污垢, 使得家电内部逐渐成为家庭内藏污纳垢、滋生细菌的"窝点",给家人的健康带来极大的隐患。而且,环境中的静电微粒、金属尘埃、油烟等会在家电的电器元件和电路板上形成一层污垢膜,使家电运行时产生的热量不能及时散发,严重影响设备运行的稳定性,最终会导致耗电量增大、使用寿命缩短、功能紊乱、短路、电子元件被烧坏等不良后果,严重者可能引发火灾。

一口气读懂电子常识

因此，一定要对家电进行及时的清洗，这样才有利于家人的安全和健康。

（1）电视机

长时间不清洗的危害：电视机的内部在使用一段时间后，会积累一层厚厚的尘埃，这些尘埃能加速机器的老化，增加辐射，使电视机出现雪花点，严重的还可能造成短路、烧毁元器件，甚至能引起显像管爆炸等。所以电视机的内部要每年清洗一次。

正确的清洗方法：清洗电视机内部时，应先断电源半小时，再打开电视机的后盖，用电吹风将积尘吹净，然后用无水酒精的棉球擦洗电路板，用干布团轻擦内部线路，最后用电吹风吹干。

清洗电视机外壳时，应先将电源插头拔下，切断电源，然后用柔软的布擦拭。如果外壳油污较重，可用40℃的热水加上3~5毫升的洗涤剂搅拌后进行擦拭。

电视机的荧屏最易招灰惹尘，最好用专用清洁剂洁视灵和干净柔软的布团擦洗，它能清除荧屏上的手指印、污渍及尘垢，或者用棉球蘸取磁头清洗液擦拭，最后一定要擦干。

清洗小贴士：切勿用汽油、溶剂或任何化学试剂清洁电视机的机壳。

（2）电熨斗

长时间不清洗的危害：电熨斗的底部由于高温与水分作用，会产生一种像锈迹一样的痕迹，即使电熨斗底部镀铬或用不锈钢制成也不例外。

正确的清洗方法：若想去除电熨斗底部的痕迹，可取去污粉约

80%、蜡约 10%、植物油约 10%配成抛光磨料。使用时,将此磨料涂在电熨斗底板上,用化纤布用力揩擦痕迹处。或者把牙膏挤在底板的痕迹上,用绸布反复擦拭,效果也不错。

清洗小贴士:电熨斗的清洗很需要耐心,建议清洗之前做好充足的准备工作。

(3)热水器

长时间不清洗的危害:电热水器在使用一段时间后,其内部会形成大量水垢,当水垢增厚到一定程度后,不仅会延长加热的时间,而且还可能发生崩裂,对内胆造成损害,使加热时间延长,热水出水量减少。

正确的清洗方法:电热水器没有排污阀的,需要请专业人员来清洁。长期使用的燃气热水器和太阳能热水器应定期请专业人员检修和清洗保养。

清洗小贴士:电热水器配有排污阀的,可根据说明书自行排污。

(4)抽油烟机

长时间不清洗的危害:抽油烟机吸附的污垢增加后,会增大风叶的运转负荷,降低排烟能力。

正确的清洗方法:要定期清洗抽油烟机。清洗时卸装叶轮要小心,不可使其变形。由于清洗起来比较复杂,可请专业人士清洗。

清洗小贴士:清洗吸油烟机的时候不要使用酒精、香蕉水、汽油等易燃易挥发的溶剂,因为如果这些物质挥发到空气中,可能着火引发火灾。

一口气读懂电子常识

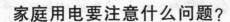

家庭用电要注意什么问题？

电是每个家庭不可缺少的,但又是非常危险的,那么我们在用电时,需要注意哪些事项呢?

(1)墙壁上的插座不要安装得太低,以免小孩乱拔插头而触电。要教孩子一些基本的用电常识,让孩子远离电源线、开关、插头等。

(2)使用灯头开关的螺丝口电灯,灯头上应装一个保险圈,以免开关电灯时触碰到金属部分而发生意外。最好安装拉线式开关。

(3)安装在墙壁上的扳钮式电源开关,一旦有破损要及时修理。

(4)手上沾水时或出汗较多时不要拔、接电线插头,不要开启或关闭使用灯头开关的电灯。

(5)安装炉子时不要使烟筒靠近电线,以免电线被烤焦而造成事故。

(6)不要在电线上晾晒搭挂衣服等物品,晾晒衣物的绳子或铁丝,不要拴在安有电线的柱子上或离电线近的地方。

(7)如果熔丝断了,千万不要用铁丝、铜丝、铝丝等代用。

(8)如果发现电线破损或断落,千万不要触碰,应该及时断开电源,然后速找电工修理。

(9)如果发现有人触电,应该先用绝缘物体挑开电源,切忌在电源未与触电者分离时推拉触电者。

数码产品篇

围不断扩大。

如何保养数码相机？

数码相机是一种精密电子设备,正确的维护和保养才能延长其使用寿命。

(1)要经常清理。数码相机的外部需用软棉绒擦拭,存储卡的卡槽和电池槽也应经常用软毛刷或吹气球清理灰尘。

(2)数码相机的镜头一般有多层镀膜,比较娇气,稍不留神就会把镀膜擦伤。所以不要轻易动它,有必要时再进行清理。一点点灰尘一般不会影响成像的效果。如果不小心在镜头上留下了手印,则应该尽快清理,因为它会对镜头造成损坏,擦拭时要特别轻柔,正确的方法是:先用吹气球吹去灰尘,再用专业镜头纸画圆擦拭。

(3)数码相机内是精密的电路系统,比较脆弱,所以要避免高温、强烈震动以及从高处摔落,也不要突然从高温室内带到寒冷的室外。更要避免沾水、落水。万一不小心沾了水,则应立即关掉电源,擦拭干后再开机,如遇雾雨天气,应用塑料袋把爱机套上。

(4)存放数码相机时应避免阳光直射或高温,也要避免放在潮湿的房间。要远离灰尘、粉末、沙子等。还要注意防磁,不要将其放在电视、收音机、冰箱等家用电器上。长时间不用时应将电池取出来,以防电池漏液腐蚀相机。

(5)虽然数码相机小巧轻便,放在兜里携带方便,但也不要忘记给它穿一个保护服,可以用小摄影包把它装起来,还可以用其他东西包裹。

(6)数码相机的 LCD 显示屏也是很容易沾上手印的,擦拭时一定

要小心,因为一般的 LCD 镀有一层抗强光膜,这一层膜被损坏后,根本无法修复。也不要施加压力,否则会损坏显示屏或使其发生故障。

(7)将电池存放在阴暗干燥的地方。相机也应存在干燥、通风良好的地方。如果长时间存放,可以将相机放在有干燥剂的塑料袋内。干燥剂吸收潮气后会失去效果,所以要定期更换,并经常取出相机检查,开机按动快门数次。

(8)不要忘记保护你自己。在室外旅行时,不要将相机绳套在脖子上,也不要将相机直接对准太阳,否则在你取景时,强烈的阳光会灼伤你的眼睛。

什么是像素?

"像素"(Pixel)是由 Picture(图像) 和 Element(元素)这两个英文单词的字母所组成的,是用于计算数码影像的单位。和摄影的相片一样,数码影像也具有连续性的浓淡阶调,如果我们把影像放大数倍,会发现这些连续色调其实是由许多色彩相近的小方点组成的,这些小方点就是构成影像的最小单位"像素"(Pixel)。越高位的像素,其拥有的色板就越丰富,就越能表达颜色的真实感。

CCD 是什么意思?

CCD,英文全称是 Charge-coupled Device,译为中文是:电荷耦合元件,可以称为 CCD 图像传感器。

CCD 是一种半导体器件, 能够把光学影像转化为数字信号。CCD 上植入的微小光敏物质称作像素(Pixel)。一块 CCD 上包含的像素数越多,其提供的画面分辨率也就越高。CCD 的作用和胶片一样,但它是把图像像素转换成数字信号。CCD 上整齐地排列着电容,能感应

光线,并将影像转变成数字信号。经由外部电路的控制,每个小电容能将其所带的电荷转给它相邻的电容。CCD 在摄像机、数码相机和扫描仪中应用十分广泛。

如何选购数码相机?

选购数码相机时,首先应考虑自己的使用目的。对于相机本身,需要考虑的是影像质量和分辨率、总体性能特点、影像存储量,自然还要考虑价格。

(1)数码相机的镜头

设计优良的高档相机镜头一般由多组镜片构成,并含有非球面镜片,可以显著地减少色偏和最大限度地抑制图形畸变、失真,材料一般选用价格昂贵的萤石或玻璃。家用和半专业相机的镜头为了减轻重量和降低成本,往往采用的是用树脂合成的镜片。

(2)数码相机 CCD 的像素值

CCD 是数码相机的心脏,也是影响数码相机制造成本的最主要因素,因此也成为划分数码相机档次的一个重要标准。目前,入门级的是130 万~210 万像素级产品,而商用及半专业用户则倾向于 300 万像素以上的产品。

(3)数码相机的变焦

光学变焦是实打实的变焦,不会影响照片的成像质量;而数字变焦是电子变焦,是以损失照片清晰度为代价的局部放大。

(4)数码相机的电池及耗电量

数码相机因带有 LCD 显示屏和内置闪光灯,因而电池消耗量比传统相机大得多。使用 5 号电池价格便宜,随时随地都可以买到,但用

一口气读懂电子常识

不了多久电池就会没电了。因此,最好选择配备可充电锂电池的机型。目前主流数码产品一般都配备锂电池,同时提供齐全的充电设备作为配件。

(5)附加功能

功能越多,意味着使用数码相机的乐趣越多、用途越广。例如很多数码相机有视频输出功能,可以连接到电视上浏览照片;有的可以像手机一样自行设置开机图片和快门声音;有的可以有短时的数码录象功能等等。

(6)售后服务

确定数码相机机型时,如果有两款数码相机规格完全相同,则应该优先选择专业相机厂家的产品,这样不但售后服务有保障,而且可以保证镜头有更高的品质。

什么是 DV?

DV 是 Digital Video 的缩写,意思是数码摄像机。

DV 还可以译成"数字视频"的意思,它是由索尼(SONY)、松下(PANASONIC)、JVC(胜利)、夏普(SHARP)、东芝(TOSHIBA)和佳能(CANON)等多家著名家电厂商联合制定的一种数码视频格式。然而,在绝大多数场合,DV 通常只是代表数码摄像机。数码摄像机工作的基本原理简单地说是这样的:通过感光元件将光信号转变成电流,再将模拟电信号转变成数字信号,由专门的芯片进行处理和过滤,得到的信息还原出来就是我们看到的动态画面了。

什么是 MP3?

MP3 是一种有损数字音频压缩格式,它的全称为 MPEG-1 Audio

一口气读懂电子常识

Layer3，其中 MPEG 是 Moving Picture Experts Group 的缩写，意思是"动态图象专家组"。所谓"有损压缩音频格式"，就是对数字音频使用了对音质有损失的压缩方式，以达到缩小文件大小的目的，来满足复制、存储、传输的需要。MP3 的压缩率可以达到 1:12，但在人耳听起来，并没有什么失真的感觉，因为它只将超出人耳听力范围的声音从数字音频中去掉，并没有改变最主要的声音。

换句话说，MP3 能够在音质丢失很小的情况下把文件压缩到更小的程度。正是由于 MP3 体积小、音质高的特点使得 MP3 格式几乎成了网上音乐的代名词。每分钟音乐的 MP3 格式只有 1 兆字节左右大小，这样每首歌的大小只有 3~4 兆字节。

使用 MP3 播放器对 MP3 文件进行实时的解压缩(解码)，这样，高品质的 MP3 音乐就播放出来了。MP3 播放器，顾名思义就是可以播放 MP3 格式的音乐播放工具。MP3 播放器其实就是一个功能特定的小型电脑。在 MP3 播放器的机身里，装有存储器(存储卡)、显示器(LCD 显示屏)、中央处理器(一般是解码 DSP，即数字信号处理器)等重要部件。MP3 播放器是利用数字信号处理器 DSP(Digital Sign Processer)来完成处理传输和解码 MP3 文件的任务的。

MP3 播放器播放 MP3 文件的过程是这样的：MP3 播放器首先将 MP3 歌曲文件从内存中取出并读取存储器上的信号→解码芯片对信号进行解码→通过数模转换器将解出来的数字信号转换成模拟信号→再把转换后的模拟音频放大，通过耳机输出后就是我们所听到的音乐了。

除了 MP3 文件外，MP3 播放器还可以上传或下载其他任何格式的电脑文件，具有移动存储功能。

一口气读懂电子常识

什么是 MP4?

和 MP3 不同,MP4 并非 MPEG-4 的简称。MP4 使用的是 MPEG-2 AAC 技术, 即简称为 A2B 或 AAC 的技术。AAC 是英文 Advanced Audio Coding 的缩写,译为中文是"先进音频编码",它的特点是音质更加完美而且压缩比更大,可达 15:1~20:1。MPEG-2 AAC 在采样频率为 8~96 千赫兹时,可提供 1~48 个声道可选范围的高质量音频编码。

MP4 并不能望文生义地理解为 MPEG-4 或 MPEG-1 Layer 4 格式。MP4 名称的由来与其本身的技术含义并没有什么直接联系,否则它应该叫做 MPEG-2 AAC 了。MP4 的由来是因为版权问题,对唱片公司来说,MP3 的缺陷就是忽视了著作者和出版者应享有的版权利益。于是,GMO(Global music one)公司针对 MP3 提出了基于 AT&T 公司授权的 AAC 改良技术—A2B 的音频压缩方法和应用,并将其命名为 MP4,旨在表明 MP4 是继 MP3 之后的一种升级换代技术,而且这也恰恰契合了人们的习惯思维。

由此可见,MP4 是利用改进后的 MPEG-2 AAC 技术对音频进行压缩处理,并加上由出版公司直接授权的知识产权协议后形成的一个全新形式的数字音乐标准。

另外,MP4 还是 MP4 播放器的简称,MP4 播放器是一种集音频、视频、图片浏览、电子书、收音机等于一体的多功能播放器。MP4 播放器是一个能够播放 MPEG-4 文件的设备, 它可以简称为 PV, 是英文 Personal Video Player 的缩写,译为 "个人视频播放器", 也可以叫做 PMP,即 Portable Media Player,译为"便携式媒体播放器"。

和 MP3 播放器一样,MP4 播放器也是利用数字信号处理器 DSP

(Digital Signal Processer)来完成处理传输和解码 MP4 文件的任务的。

什么是 WMA？

WMA 是英文 Windows Media Audio 的缩写,它是微软公司推出的与 MP3 格式齐名的一种音频格式。WMA 格式在压缩比和音质方面都超过了 MP3 格式,更远远超过了 RA(Real Audio),即使在较低的采样频率下也能产生出理想的音质。一般使用 Windows Media Audio 编码格式的文件都以 WMA 作为扩展名, 某些使用 Windows Media Audio 编码格式编码其所有内容的纯音频 ASF 文件也使用 WMA 作为扩展名。

什么是 MP5？

MP5 到底是一种什么东西?其实我们可以把它通俗地理解成能收看电视节目的 MP4。随着媒体播放器产品的不断升级换代,MP3、MP4 等下载视听类产品早已无法满足个性化以及在线消费的需求,因此在线直播及下载存储等多功能播放器随之异军突起,新一代的便携式个人多媒体终端——MP5 应运而生,其核心功能就是利用地面及卫星数字电视通道实现在线数字视频直播、收看和下载观看等。同时,MP5 内置 4~10G 硬盘,使用者可以将 MP3、网络电影甚至 DVD 大片、电视连续剧、自己喜欢的照片等文件统统存储其中。

MP5 播放器采用了软硬协同多媒体处理技术,能够用相对较低的功耗、技术难度、费用,使产品具有很高的协同性和扩展性,并且第一个将 ARM11 平台应用于手持多媒体终端,其主频最高可达 1 吉赫兹,能够播放更多的视频格式,比如 AVI、ASF、DAT、FLV 以及网络资源最丰富的 RM、RMVB 等。这就给消费者以及行业的发展带来了更多、更

实在的好处,也使得行业发展的瓶颈得到了解决。

什么是 WMV?

WMV 是微软公司研究开发的一种数字视频压缩格式,是微软推出的一种流媒体格式,是在 ASF(Advanced Stream Format)格式的基础上升级延伸而来的。WMV 文件可以同时包含视频和音频部分。视频部分使用 Windows Media Video 编码,音频部分使用 Windows Media Audio 编码。

在同等视频质量下,WMV 格式的体积非常小,因此非常适于在网上播放和传输。

什么是 FLV?

FLV 是英文 Flash Video 的缩写,FLV 流媒体格式是随着 Flash MX 的推出发展而来的一种视频格式。由于它形成的文件体积小、加载速度极快,从而实现了在网络上直接观看视频文件。它的出现有效地解决了视频文件导入 Flash 后,使导出的 SWF 文件体积庞大,不能在网络上很好地使用等缺点。目前各在线视频网站均采用此视频格式,如新浪播客、六间房、56、优酷、土豆、酷 6、youtube 等,无一例外。FLV 已经成为当前视频文件的主流格式。

FLV 目前被众多新一代视频分享网站所采用,是目前增长最快、流传最广的视频传播格式。FLV 格式不但可以轻松地导入 Flash 中,速度极快,而且能起到保护版权的作用,还可以不通过本地的微软或者 REAL 播放器直接播放视频。

什么是 AVI?

AVI 是英文 Audio Video Interleaved 的缩写,意思是音频视频交错格式,是一种将语音和影像同步组合在一起的文件格式。AVI 格式对视频文件采用了一种有损压缩方式,由于压缩率比较高,因此画面质量不是很理想,但其应用范围仍然非常广泛。AVI 支持 256 色和 RLE 压缩。AVI 信息主要应用在多媒体光盘上,用来保存电视、电影等各种影像信息。

AVI 于 1992 年被 Microsoft 公司推出,随着 Windows 3.1 一起被人们所认识和熟知。所谓"音频视频交错",意思就是可以将视频和音频交织在一起进行同步播放。这种视频格式的优点是图像质量较好,可以跨多个平台使用,其缺点是体积过于庞大,而且更糟糕的是压缩标准不统一,最普遍的现象就是高版本 Windows 媒体播放器播放不了采用早期编码编辑的 AVI 格式视频,而低版本 Windows 媒体播放器又播放不了采用最新编码编辑的 AVI 格式视频,因此,我们在进行一些 AVI 格式的视频播放时,常会出现由于视频编码问题而造成的视频不能播放或即使能够播放,但存在不能调节播放进度和播放时只有声音没有图像等一些莫名其妙的问题。如果用户在进行 AVI 格式的视频播放时遇到了这些问题,可以通过下载相应的解码器来解决。

什么是 SWF?

SWF 是英文 Shock Wave Flash 的缩写, 是 Macromedia (现已被 ADOBE 公司收购)公司的动画设计软件 Flash 的专用格式,是一种支持矢量和点阵图形的动画文件格式,被广泛应用于网页设计,动画制作等领域,SWF 文件通常也被称为 Flash 文件。

SWF 是 Adobe Flash 推出的档案格式,它的普及程度很高,现在超过 99% 的网络使用者都可以读取 SWF 档案。

什么是 RM?

我们通常把可以一边下载一边播放的影音文件称为流式文件(与其相对应需要完全下载后才能播放的文件称为离散文件)。RM 格式是由 RealNetwork 公司开发的一种流媒体视频文件格式, 它的全称为 RealMedia,它主要包含 RealAudio、RealVideo、RealFlash 三部分。 RM 文件可以在有限的网络带宽下实现比较流畅的在线视频和音频播放,因此是目前网络中应用最广泛的流式媒体。

RM 的主要优点就是压缩比高,例如在牺牲音质的情况下,它能将 4MB 左右的 MP3 歌曲压缩到惊人的几百 KB(1024KB=1MB),很适于网上传播。但是,伴随高压缩比而来的就是文件的音质和画质比较差强人意。因而,人们主要用 RM 中的 RealFlash 来压缩色彩和音效都很简单的动画片。

RM 作为目前主流网络视频格式, 还可以通过其 RealServer 服务器将其他格式的视频转换成 RM 格式,并由 RealServer 服务器负责对外发布和播放。

RM 格式是 Real 公司对多媒体世界的一大贡献,也是对于在线影视推广的贡献。它的诞生使得流文件为更多人所熟悉。这类文件可以实现即时播放,即先从服务器上下载一部分视频文件,形成视频流缓冲区后实时播放,同时继续下载,为接下来的播放做好准备。这种"边传边播"的方法避免了用户必须等待整个文件从 Internet 上全部下载完毕才能观看的缺点,因此特别适合在线观看影视。

一口气读懂电子常识

什么是 RMVB?

RMVB 是一种视频文件格式,RMVB 中的 VB 指 VBR,是英文 Variable Bit Rate 的缩写,译为中文是"可改变之比特率",它比上一代 RM 格式画面要清晰得多,原因是降低了静态画面下的比特率,可以用 RealPlayer、暴风影音、QQ 影音等播放软件来播放。

普通的 RM 格式是 real 8.0 格式,采用的是固定码率编码,多见于 VCD-RM,曾经流行了很长一段时间。但由于 VCD 片源的先天不足, 图像不够清晰,所以压出来的 RM 也不会清晰。

RMVB 比 RM 多了一个 VB,VB 指的是 Variable Bit, 意为动态码 率,是 real 公司推出的一种新的编码格式即 real 9.0 格式。不过 RMVB (real 9.0)和 RM(real 8.0)在音频的编码上采用的仍旧是 8.0 格式。

什么是 3GP?

3GP 是一种 3G 流媒体的视频编码格式, 它使得用户能够发送大 量的数据到移动电话网络。3GP 是 MP4 格式的一种简化版本,它大大 减少了储存空间,使手机上有限的储存空间可以容纳更多的内容。

3GP 主要是为了配合 3G 网络的高传输速度而开发的, 也是手机 的一种视频格式。3GP 是新的移动设备标准格式, 可以应用在手机、 PSP 等移动设备上,优点是文件体积小、移动性强、适合移动设备使 用,缺点是在 PC 机上兼容性差,支持软件少,而且播放质量差,帧数 低,和 AVI 等格式比起来,它的播放效果差得多。

什么是 ASF?

ASF 是 Advanced Streaming Format 的缩写, 意思是高级串流格

一口气读懂电子常识

式，是 Microsoft 为 Windows 98 所开发的串流多媒体文件格式。ASF 是微软公司 Windows Media 的核心。它是一种包含音频、视频、图像以及控制命令脚本的数据格式。这个词汇当前可与 WMA 及 WMV 互换使用。

ASF 是一个开放标准，它能依靠多种协议在多种网络环境下支持数据的传输，同 JPG、MPG 文件一样，ASF 文件也是一种文件类型，它专门为在 IP 网上传送有同步关系的多媒体数据而设计的，所以 ASF 格式的信息特别适合在 IP 网上传输。ASF 文件的内容既可以是我们非常熟悉的普通文件，也可以是一个由编码设备实时生成的连续的数据流，所以 ASF 既可以传输人们事先录制好的节目，也可以传送实时生成的节目。

ASF 支持任意的压缩/解压缩编码方式，并且可以使用任何一种底层网络传输协议，因此具有很大的灵活性。

Microsoft Media player 是能播放几乎所有多媒体文件的播放器，支持 ASF 在 Internet 网上的流文件格式，可以一边下载一边实时播放，不需要等到下载完再播放。

什么是蓝牙？

蓝牙是一种支持设备短距离通信（一般 10 米内）的无线电技术，能在包括移动电话、PDA、无线耳机、笔记本电脑、相关外设等众多设备之间进行无线信息交换。利用"蓝牙"技术，能够有效地简化移动通信终端设备之间的通信，也能成功地简化设备与因特网 Internet 之间的通信，从而使数据传输变得更加迅速高效，为无线通信拓宽了道路。

"蓝牙"的名称来自于第十世纪的一位丹麦国王 Harald Blatand，

Blatand 在英文里的意思可以被解释为 Bluetooth（蓝牙）。因为国王喜欢吃蓝梅，牙龈每天都是蓝色的，所以叫蓝牙。在行业协会筹备阶段，需要一个极具有代表力的名字来命名这项高新技术。行业组织人员在经过一夜关于欧洲历史和未来无限技术发展的讨论后，认为用 Blatand 国王的名字命名最合适。Blatand 国王将现在的挪威、瑞典和丹麦统一起来，他的口齿伶俐、善于交际，就如同这项即将面世的技术——这是一项允许不同工业领域之间相互协调、保持各个系统领域之间互相交流的崭新技术，名字于是就这么定了下来。

蓝牙的创始人是瑞典爱立信公司，爱立信在 1994 年就已经开始研发。1997 年，爱立信与其他设备生产商联系，并激发了他们对该项技术的浓厚兴趣。1998 年 2 月，5 个跨国大公司：爱立信、诺基亚、IBM、东芝及 Intel 组成了一个特殊兴趣小组（SIG），他们共同的目标是建立一个全球性的小范围无线通信技术，即现在的蓝牙。

如何选购 MP3？

随着数码科技的不断进步，MP3 产品已经随处可见，拥有一款造型小巧的 MP3 成为了一种时尚潮流。但面对市场上品牌繁多、造型各异、功能多样的 MP3，真是让人眼花缭乱。如何才能选择一款好的 MP3 播放器呢？选购时应该注意哪些问题呢？

(1)外观造型

目前，市场上 MP3 的造型五花八门，所以让人选择起来无从下手。不过，从一款产品的外观，可以很大程度上判定它的做工情况，手感较差、色泽不好的产品，其整体做工也不会好到哪里去。目前 MP3 产品的外壳大部分都采用 ABS 工程塑料制成，一部分较高档次的产

一口气读懂电子常识

品采用金属制造而成,表面多采用烤漆工艺。

(2)LCD 显示屏

目前流行的 MP3 播放器,都有液晶屏显示,这样操作起来就显得直观方便。当然液晶屏都是有背光的,目前背光灯的颜色多以蓝色为主。目前市场上还出现了炫彩型显示,但一般价格都比较昂贵,并且耗电量较高。如果您不是特别追求时尚和前卫,选择一款普通蓝屏的即可。

(3)所支持的语言

对于有液晶屏显示的 MP3 播放器,英文显示是最普遍的了,但大部分人当然还是希望看到简单明了的中文菜单。所谓的支持 ID3,就是指歌曲名、演唱者都可以用中文显示。

(4)内存容量

MP3 内置闪存的容量大小,应该是购买时最重要的参数之一。它就像电脑的硬盘一样,决定了你可以存储文件的多少。从早期的 16MB、32MB,发展到现在的 64MB、128MB、256MB、512MB,甚至还有超大容量的硬盘式 MP3,MP3 朝着更大内存容量发展。一般来说,我们经常使用的 128Kbps 压缩率的 MP3,每首歌曲占用空间大约为 3~5MB,以现在主流的 128MB 内存,可以存储 30 多首歌曲。

(5)所支持的格式

MP3 格式是最为常用的,它支持采样率为 44.1 千赫兹,可以使用的比特率一般是 8~256 千字节/秒。不同的 MP3 产品对采样率和比特率的支持范围也不尽相同,当然支持的范围越广越好,对于采样率,好一点的产品可以支持到 48 千赫兹。对于动态编码 VBR,可以在同等音质下使文件的体积更小,但有些机器是不能支持的。

WMA 是微软推广的一种格式，压缩率一般在 5~192 千字节/秒。在相同音质下，WMA 比 MP3 格式文件的体积更小，所以拥有此功能的 MP3 播放器等于变相增大了其内存容量。但有一点需要注意，用 Windows 自带的 WMP 压缩文件时，需要把版权保护的选项去掉，否则压出来的 WMA 文件在 MP3 上无法播放；从网上下载的 WMA 文件都经过了加密处理，因此用支持 WMA 的播放器有可能也会出现不能播放的情况。

对于其他格式，比如 ASF、WAV 等，都没有 MP3 和 WMA 格式好用，从实用角度来看，是可有可无的。

(6)FM 调频功能

市场上很多的 MP3 产品为了扩展功能，在机器中增设了 FM 调频功能，可以接收普通收音机所能接收到的 FM 调频节目，并且可以预置多个电台，甚至能对电台中的音乐进行录制。这对于喜欢听广播节目的朋友而言，是个很不错的选择。

(7)EQ 设置

EQ 设置意为音效的设置。几乎每款产品都会有几种已经预置的音效设置，如普通、摇滚、爵士、流行、古典等。有的 MP3 还支持自定义音效设置，用户可以根据自己的喜好来设定音效。

(8)系统程序

MP3 的系统程序，对机器来说是至关重要的，它可以解决 MP3 使用过程中的一切软件问题，对于系统的稳定性也会起着很重要的作用。另外，部分 MP3 产品可以通过固件升级解决一些 BUG，或者增加一些新的功能，所以如果能支持这个功能就最好了。

(9)信噪比

一口气读懂电子常识

　　信噪比是指音源产生最大不失真声音信号强度与同时发出的噪音强度之间的比率，通常以"SNR"或"S/N"表示，是衡量音箱、耳机等发音设备的一个重要参数。对于 MP3 来说，它是一个很关键的参数。"信噪比"一般用分贝(dB)为单位，信噪比越高表示音响器材的效果越好。一般来说，至少要选择信噪比在 60dB 以上的产品。但目前还没有一个正式的检测机构来评定产品的信噪比，一些劣质的 MP3 产品说明中也会标有很高的信噪比，这就需要您在购买时好好用您的耳朵体验一下了，MP3 在没有播放任何音源信号时，如果能听到较为明显的"嗡嗡"或"嘶嘶"的类似电流的声音，说明机器的信噪比太低，不适宜选购。

　　(10)录音功能

　　目前大部分 MP3 产品都具有录音功能，这包括录制外部声音、录制 FM 调频节目、转录 CD 等其他设备的声音。目前能够录音的 MP3 多使用 MP3、WMA 格式录制，但其编码运算能力并不强大，音效也不算太好；有些产品使用 ADPCM 格式，这是一种复杂的编码格式，音质上算不上好，但它可以使文件的体积更小，用这种格式录制，可以存储更长时间的录音信息。

　　(11)复读功能

　　为了迎合学习外语的学生用户，大部分 MP3 厂家在机器中设置了复读功能，支持 A-B 某两点间的简单复读。这对学生用户而言，无疑是非常方便实用的。

　　(12)移动存储

　　目前的 MP3 播放器，都可以用来作为移动存储使用，方便用户移动文件。并且几乎所有的 MP3 都不再需要驱动程序了(Win 98 除外)，

这就大大方便了 MP3 机和电脑间的文件上传和下载。

(13)接口

目前的 MP3 一般都采用 USB 接口,传输速率快,支持热插拨。但用于 MP3 的大多数都是 USB 1.1 接口,USB 2.0 还很少。也一些特殊的使用 1394 接口。

(14)电池

为了使 MP3 更加小巧玲珑,很多厂商都把锂电池内置于 MP3 播放器中,通过 USB 接口进行充电。这样虽然节省了买电池的成本,但很多时候因为长时间不充电,而使得电量不足无法正常使用。采用干电池的 MP3 产品,体积虽大,但可以随时更换电池,从而保证了您随时随地都可以享受到美妙的音乐。如果您购买的是锂电池内置的 MP3 播放器,一定要注意正确的充电方法,即等到电池的电量耗尽以后再进行充电,并且要保证一次性充足。

如何正确使用和保养 MP3 播放器?

随着 MP3 播放器成本的日益降低,MP3 播放器已经成了大众产品。所以在日常使用中多多少少会碰到一些问题。相对于其他数码产品而言,MP3 播放器的保养相对要简单得多。在平时的使用中主要应该注意以下三点:

(1)为您的爱机穿上一件"外套"。

多数人使用 MP3 时都是挂在脖子上或放在包里,这就难免有一些磕碰,因此最好能给 MP3 穿上一件"衣服"。一般国内的一线品牌在卖机时都会随机附送一个布袋或皮袋。除了防止刮花以外,灰尘也是需要注意的,一般长时间裸露在空气中,灰尘都会进入到 MP3 细小的

一口气读懂电子常识

缝隙中,所以除了袋子的包裹外,还应该及时给主机清洗机身,以免灰尘影响机器的运转。

(2)注意电池的保养。

现今市面上的 MP3 播放器一般配有两种电池,一种是我们日常生活中常用的碱性电池,另一种是锂电池。由于现今多数的锂电池大部分都是集成在 MP3 内部,很少能拆出来的,因此要十分注重锂电池的保养,正确的方法是充分放电后再充电使用,不然电池的记忆效应可能导致电池寿命的缩短。碱性电池的保养除了要注意上面的事项,还应该注意:如果有一段时间不使用机器,要将电池取出来,特别是一次性的碱性电池,否则电池破损漏出的液体将会腐蚀损坏机身。

(3)注意耳机的保养。

MP3 播放器音质的好坏除了取决于主机的解码芯片外,耳机也是一个重要因素。由于耳机是个很娇小的部件,因此很需要注意保养。一般来说,耳机买回来后最好买一个耳罩,耳罩不但能很好地保护耳机,还可以使耳朵和耳机接合得更加紧密,并且有隔音和不易脱落等好处。如果长时间不使用耳机,最好用胶袋封好,再放入防潮珠,以确保不会发霉。

(4)在收听 MP3 时不要把音量开得太大,收听时间也不宜过长,以免损害听力。

(5)要注意防潮和防磁,不要把机器放在潮湿或有磁场的地方,防止损害。

(6)由于 MP3 播放器的体积小,内部电路复杂而且密集,如果出现故障最好不要自行打开修理,应拿到专业维修店进行检修。

如何选购 DV？

购买 DV 应该注意以下几个方面的问题：

（1）用途

在购买 DV 之前首先要搞清楚自己对 DV 的期望是什么，买它的主要目的是什么。

（2）传感器和像素

以前数码摄像机的影像传感器都是采用单 CCD 或 3CCD，比如松下就有不少采用了 3CCD 的产品。2005 年，索尼 Handycam 率先将 CMOS 传感器安装在了磁带 DV—DCR-PC1000E。CMOS 传感器的出现加速了摄像机高清化以及高清摄像机普及化的进程。数码摄像机的像素越高，对成像质量的提高就越有帮助。目前市场上的主流产品都已达到了 100 万像素以上。如果您的资金足够宽裕，那么要尽可能选择高像素、或采用 CMOS 传感器的产品。

（3）镜头和变焦

数码摄像的镜头就好比人的眼睛。镜头的质量对数码摄像机的成像同样具有重要影响，好的镜头是成像质量的保证。

数码摄像机的镜头都具有变焦功能，比较常见的多采用 10 倍光学变焦镜头，但也有一些产品采用 20 倍光学变焦镜头。大变焦比的光学镜头，可以将以往远处无法看清的景物清晰地在眼前放大、重现。一般数码摄像机还具备电子变焦功能，但在开启电子变焦的情况下，画质将会受到比较大的影响，所以没有多少实际使用价值。

（3）液晶显示屏幕

对于任何一款数码摄像机来说，液晶显示屏同时担负着取景、回

放以及查看菜单操作这几项重要职责,所以液晶显示屏也是选购时应注意的关键。目前,比较主流的数码摄像机屏幕都达到了 2.5 英寸以上。屏幕的尺寸越大,无论是在取景还是回放以及菜单操作上,都可以获得更好的效果。目前数码摄像的液晶显示屏逐渐出现了一些 3.5 英寸的产品。屏幕还具备了触摸功能,因此可以在屏幕上直观地进行菜单操作,这对那些不很精通数码产品的人来说,很是方便。

16:9 是 DV 屏幕发展的又一个方向,据说 16:9 的显示器是依据人类两眼之间距离所设计的最佳尺寸,能够使人们在观看视频内容时感受到最佳的视觉冲击力。除了 DV 之外,在液晶电视和电脑显示器上都已经开始流行 16:9 的宽屏模式。

(4)存储介质

数码摄像机的存储介质可分为磁带、DVD 光盘、硬盘和闪存四种。硬盘和 DVD 光盘是目前市场上的主流产品,也是消费者的首选。硬盘数码摄像机将所拍摄的影像以 MPEG-2 格式存储在硬盘上,省去了以往磁带数码摄像机需要采集、转换格式的步骤。在和电脑连接以后,可以直接刻录 DVD 光盘。

采用光盘作为存储介质的数码摄像机,在拍摄的同时就可以同步烧录出一张 DVD 光盘,如果是对于后期编辑没有过多要求的用户,可以考虑此类产品。现在包括索尼、佳能、日立、松下和三星在内的著名大厂商都有 DVD 光盘数码摄像机产品。

(5)品牌

对于很多用户来说,这是选购家用 DV 时必须考虑的问题,大家可以根据自己的喜好选择自己喜欢的品牌。选择名牌主要是为了维修方便,保证有良好的售后服务,同时名牌产品有良好的品质保证。

(6)电池

电池是 DV 的主要配件。最好选购 5 小时待机、3 小时拍摄时间的电池。除了电池,三角架和广角镜在购买时也需要注意。

如何保养 DV?

对于 DV 这种高精度的电子设备而言,日常良好的使用习惯及保养不但可以延长其使用寿命,同时也能保证 DV 良好的拍摄效果。对于刚刚购置 DV 的新手而言,掌握 DV 的保养技巧尤为重要。

(1)镜头的保养

如果平时不注意镜头的保护,那么随着灰尘的增多,DV 拍摄出来的画面就会出现图像质量下降、画面出现斑点、图像对比度低等现象。因此,平时拍摄完以后,一定要立刻将镜头盖盖上。镜头盖是防尘的最佳工具之一,及时盖好镜头盖是保护镜头的最佳方法。此外,平时绝对不能用手指或其他物体触摸镜头上的镜片。目前的镜头镜片多属于多层镀膜产品,一旦手指或其他物体接触,很容易破坏镀膜,从而影响了镜头的光学质量。

镜头镜片的表面虽然都有保护膜,但经常擦拭镜头会破坏这些组织。因此,如果镜头沾上了灰尘,千万不要用毛巾、纸巾等物品擦拭,可以通过一个"皮老虎"(也就是吹气球)利用空气将镜头表面的灰尘吹掉。

(2)机身的保养

DV 的机身大部分都由精密电子电路以及各种处理芯片组成,所以较大的震动和较高的温度及湿度等都是 DV 的杀手。因此,在使用和收藏 DV 时,要注意不要强烈震动 DV,此外要注意环境温度和湿

度,避免在高温、高湿的环境中使用 DV。

(3)液晶屏的保养

虽然液晶屏并不完全影响拍摄的质量，但在使用时也应注意,要避免液晶屏与坚硬的东西碰擦。此外,由于液晶屏厚度不到 1 厘米,在握持 DV 时,切不可只握住 LCD 部分,以免造成液晶屏与机身的断裂。

如果液晶屏沾上灰尘,可以使用吹气球将表面的灰尘吹掉,在不得已需要擦拭 LCD 时,可以用软布或麂皮轻擦,千万不要用液体特别是腐蚀性液体去清洁屏幕。LCD 在长时间使用后会发热发烫,最好关闭一下,过几分钟再使用。在使用和存放时,注意不要让液晶屏受到挤压。

(4)电池的保养

在使用 DV 过程中,如果电池还有残余的电量,就尽可能不要重复充电,以确保电池的使用寿命,否则就会降低电池的"记忆效应"。因此,用户在平时给电池充电时应尽可能地将电池中的残电用完,然后一次性将电充足。一般一块电池的充电时间不能低于 3 个小时。此外,使用原厂的充电器对电池进行充电有助于延长电池的使用寿命。

(5)Mini DV 磁头机构的保养

磁头机构是 Mini DV 的核心器件,它关系到录制、回放的图像质量。由于磁头机构是一种机械装置,因此一旦磁头沾上灰尘,就会影响画面的质量,还会因灰尘颗粒的摩擦而损坏 DV 磁头和 DV 磁带。因此,对于 DV 用户而言,需要经常对 DV 的视频磁头进行保养。除了平时不要使用劣质 DV 带外,一般在使用 50 小时左右(指磁头录制或者回放了 50 个小时),就应该对 DV 的视频磁头进行一次清洗。

电脑基础篇

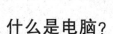

什么是电脑？

电脑,英文名称为 Computer,是一种利用电子学原理,根据一系列指令来对数据进行处理的高端电子机器。世界上第一台电脑 E-NIAC 是在 1946 年 2 月 15 日宣告诞生的。

目前,电脑大致分为这样几种类型:笔记本电脑(便携电脑、手提电脑)、掌上电脑、超级计算机(巨型计算机)、台式电脑、光子计算机、黑洞计算机、生物计算机、DNA 计算机、纳米计算机、AI(人工智能)等等。

电脑的基本组成部分有哪些？

电脑的基本组成主要可以分为两个方面:

从硬件方面来说,电脑主要包括三部分:主机(主要部分)、输出设备(显示器)、输入设备(键盘和鼠标)。其中主机是电脑的主体和核心,主机主要包括:主板、CPU、内存、电源、显卡、声卡、网卡、硬盘、软驱、光驱等硬件。

从基本结构方面来讲,电脑主要包括五大部分:运算器、存储器、控制器、输入设备、输出设备。

(1)运算器、控制器

运算器是数据处理装置, 主要用来完成对数据的算术运算和逻辑运算;控制器是发布操作命令的装置,主要用来控制整个计算机自动执行程序,它相当于人的大脑中枢,指挥和协调计算机各部件的工作。运算器和控制器合称为中央处理单元(Central Processing Unit),简称 CPU。

一口气读懂电子常识

（2）存储器

存储器分为内存储器和外存储器两种。内存储器简称内存或主存，它的存储容量一般较小，但存取速度快，主要用于暂时存放当前执行的程序和相关数据；外存储器是内存的辅助存储器，称为外存或辅存，它的存储容量较大，但存取速度比较慢，主要用于长期存放大量计算机暂时不执行的程序或不用的数据。

（3）输入设备

输入设备主要负责将外部的各种信息或指令传递给电脑，然后由电脑处理。常用的输入设备包括键盘、鼠标、扫描仪、数字照相机、电子笔等。

（4）输出设备

输出设备主要负责将计算机处理的中间结果和最终结果以人们能够识别的字符、表格、图形或图像等形式表示出来。最常用的输出设备包括显示器、打印机和绘图仪等。

计算机经历了一个怎样的发展过程？

计算机是 20 世纪最重要的科学发明之一。1946 年，美国宾夕法尼亚大学经过数年的艰苦努力，终于研制出世界上第一台电子计算机——埃尼阿克（ENIAC）。

根据计算机所采用的物理器件的不同，计算机的发展可分为如下四个阶段：

（1）电子管计算机

开始于 1946 年，结构上以 CPU 为中心，使用机器语言，速度慢、存储量小，主要用于数值计算。

一口气读懂电子常识

(2)晶体管计算机

开始于 1958 年,结构上以存储器为中心,使用高级语言,应用范围扩展到数据处理和工业控制。

(3)中小规模集成电路计算机

开始于 1964 年,结构上仍然以存储器为中心,增添了多种外部设备,软件得到一定发展,计算机处理图像、文字和资料的功能得到增强。

(4)大、超大规模集成电路计算机

开始于 1971 年,应用范围更加广泛,并且出现了微型计算机。

电脑有哪些日常作用?

随着电脑的日益普及,电脑几乎进入了社会各个行业,并且成为当今社会得以正常运行的不可或缺的工具,电脑的作用主要体现在如下几个方面:

(1)数值计算

在科学研究和工程设计中,存在着大量繁冗、复杂的数值计算问题,解决这类问题往往是人力所无法胜任的。而高速度、高精度地解算复杂的数学问题恰好是电子计算机的专长。因此,时至今日,数值计算仍然是计算机应用的一个重要领域。

(2)数据处理

数据处理就是利用计算机来加工、管理和操作各种形式的数据资料。数据处理一般是以某种管理为目的的。例如,财务部门用计算机来进行票据处理、账目处理和结算;人事部门用计算机来建立和管理人事档案等等。

与数值计算不同的是，数据处理着重于对大量的数据进行综合和分析处理，一般不涉及复杂的数学计算，只是要求处理的数据量极大而且经常要求在短时间内处理完毕。

(3)实时控制

实时控制也叫过程控制，是指用计算机对连续工作的控制对象实行自动控制。要求计算机能及时搜集检测信号，通过计算处理，发出调节信号对控制对象进行自动调节。在过程控制应用中，计算机对输入信息的处理结果的输出是实时进行的。例如，在导弹的发射和制导过程中，计算机必须不停地测试当时的飞行参数，快速地计算和处理，不断地发出控制信号控制导弹的飞行状态，直至到达既定的目标为止。实时控制在工业生产自动化、军事等方面应用十分广泛。

(4)计算机辅助设计(CAD)

计算机辅助设计是指利用计算机来进行产品的设计。目前，CAD技术已广泛应用于机械、船舶、飞机、大规模集成电路版图等方面的设计。利用 CAD 技术可以提高设计质量，缩短设计周期，提高设计自动化水平。例如，计算机辅助制图系统是一个通用软件包，它提供了一些最基本的作图元素和命令，在这个基础上可以开发出各种不同部门应用的图库。这就使得工程技术人员从繁重的重复性工作中解脱出来，从而加速了产品的研制过程，提高了产品质量。

CAD 技术发展非常迅速，其应用范围也不断扩大，派生出了很多新的技术分支，比如计算机辅助制造 CAM，计算机辅助教学 CAI 等。

(5)模式识别

模式识别是一种计算机在模拟人的智能方面的应用。例如，根据

频谱分析的原理,利用计算机对人的声音进行分解、合成,使机器能够辨识各种语音,或合成并发出类似人的声音。又如,利用计算机来识别各类图像、甚至人的指纹等等。

(6)娱乐及游戏

在家用电脑领域,娱乐游戏是家用电脑的主要用途,影音播放、游戏是家用电脑的主要娱乐方式。电脑的性能强劲,加上包揽大千世界的互联网,因此电脑成为了一个重要的游戏平台。同时,家用电脑逐渐向家庭影院的方向发展,尤其是随着高清视频的逐渐普及,以家用电脑作为影音媒体中心,是效果最好、价格最实惠的方式,并逐渐衍生出 HTPC 这一新的家用电脑概念。

什么是 HTPC?

HTPC 是 Home Theater Personal Computer 的缩写,意思是家庭影院电脑,是以计算机担任信号源和控制的家庭影院,也就是一部预装了各种多媒体解码播放软件,可用来对应播放各种影音媒体,并具有各种接口,可与多种显示设备如电视机、投影机、等离子显示器、音频解码器、音频放大器等音频数字设备连接使用的个人电脑。

什么是 CPU?

CPU 是 Central Processing Unit 的缩写,意思是中央处理单元。它可以被简称为微处理器(Microprocessor),人们往往直接称其为处理器(processor)。CPU 是电脑的核心,它的重要性好比大脑对于人一样,因为它负责处理、运算计算机内部的所有数据,而主板芯片组则更像是心脏,它控制着数据的交换。CPU 主要由运算器、控制器、寄存器组和

内部总线等部件构成,是 PC(个人电脑)的核心,再配上储存器、输入/输出接口和系统总线就成了完整的 PC。

什么是鼠标?

鼠标的全称是显示系统纵横位置指示器,因其形状酷似老鼠,故而得名"鼠标"。"鼠标"的标准称呼应该是"鼠标器",英文名是"Mouse"。使用鼠标是为了使计算机的操作更加简便,用以代替键盘繁琐的指令。

按照鼠标的工作原理可以把鼠标分为机械鼠标和光电鼠标两种。机械鼠标主要由滚球、辊柱和光栅信号传感器组成。当你拖动鼠标时,带动滚球转动,滚球又带动辊柱转动,装在辊柱端部的光栅信号传感器产生的光电脉冲信号反映出鼠标器在垂直和水平方向的位移变化,再通过电脑程序的处理和转换来控制屏幕上光标箭头的移动。光电鼠标器则是通过检测鼠标器的位移,将位移信号转换为电脉冲信号,再通过程序的处理和转换来控制屏幕上的鼠标箭头的移动。光电鼠标用光电传感器代替了滚球。这类传感器需要特制的、带有条纹或点状图案的垫板配合使用。

如何选购鼠标?

选购鼠标应该注意以下几个方面:

(1)手感

手感非常重要,试想如果每天拿着一个很别扭的鼠标操作电脑是一种什么样的感觉?长期使用手感不合适的鼠标、键盘等设备,可能会引起上肢的一些综合病症。因此选购鼠标,一定要注意鼠标的手

感。好的鼠标应该根据人体工程学原理设计外型,手握时感觉轻松、舒适并且与手掌面贴合,按键轻松而有弹性,滚轮滑动流畅,屏幕指针定位精确。有些鼠标看上去样子很难看,歪歪扭扭的,其实这样的鼠标手感却非常好,适合手型,握上去也很贴切、舒服。

(2)接口

鼠标一般有三种接口,分别是串口、PS/2 口和 USB 口。USB 接口是将来的发展方向,不过价格稍贵,如果你对价格不在乎的话,可以考虑购买这种鼠标;同一种鼠标一般都有串口和 PS/2 两种接口,价格也基本相似,在这种情况下建议你购买 PS/2 口的鼠标,因为一般主板上都留有 PS/2 鼠标的接口位置,省了一个串口还可以为以后升级作准备。

(3)造型

造型漂亮、美观的鼠标能给人带来愉悦、舒适的感觉,有益于人的身心健康。从这个角度来说,造型有一种"绿色"的含意。另外,如果鼠标外形能让人"爱不释手",也能提高你学习电脑的兴趣。

(4)功能

一般的电脑用户,使用标准的二键、三键鼠标即可满足需要。对于经常使用如 CAD 设计、三维图像处理、游戏等的用户,则最好选择专业光电鼠标或者多键、带滚轮可定义宏命令的鼠标。使用笔记本电脑或需要用投影仪做演讲,则可选择遥控轨迹球。但有一点需要注意,所谓标准三键鼠标有真、假三键之分,假三键鼠标的中间键只相当同时按左右两键,有的干脆就是"空"键;而真三键鼠标的每一个键都有相应的功能,真假不同,价格差异也比较大。

（5）支持软件

从实用角度来看，软件的重要性并不亚于硬件。好而实用的鼠标应附有足够的辅助软件，比如，厂商所提供的驱动程序应优于操作系统所附带的驱动程序，而且每一键都能让用户重新自定义，能满足各类用户的不同需求。另外，软件还应配有完整的使用说明书，使用户能够正确利用软件所提供的各种功能，充分发挥鼠标的作用。

（6）分辨率

分辨率是选择鼠标的主要依据，不过目前很多家庭用户都不太注意其中的差别。分辨率是衡量鼠标移动精确度的标准，分为硬件分辨率和软件分辨率两种，硬件分辨率反映的是鼠标的实际能力，而软件分辨率是通过软件来模拟出一定的效果。分辨率的单位都是 DPI（DPI 是 Dots Per Inch 的缩写，意为打印分辨率）。当然，分辨率越高，价格相应也就越高。

（7）质量

质量是选择鼠标最重要的一点，无论鼠标的功能有多强大，外型有多么漂亮，如果质量不好，那么一切都是空谈。一般名牌大厂的产品质量会比较好，但要注意识别假冒伪劣产品。识别假冒产品的方法很多，主要可以从外包装、鼠标的做工、序列号、内部电路板、芯片，甚至是按键的声音来分辨。

（8）售后服务

品牌厂商一般都会提供一年以上的质保服务，对用户提出的各种问题都能认真回复，能够解决用户所提出的技术问题，并保证用户能方便的退换。

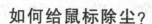

如何给鼠标除尘?

如果你在屏幕上发现鼠标指针移动不灵了，就应该为你的鼠标除尘了。鼠标的清洁和维护可以按照以下步骤进行：

(1)基本除尘

鼠标的底部长期和桌子接触，最容易被污染。尤其是机械式和光学机械式鼠标的滚动球极易将灰尘、毛发、细纤维等杂物带入鼠标中。在鼠标底部滚动球外圈有一圆形塑料盖，除尘时轻压塑料盖逆时针方向旋转到位，取下塑料盖，拿出滚动球，然后进行清理。

(2)开盖除尘

如果经过上述处理，指针移动还是不灵，特别是某一方向鼠标指针移动不灵时，大多是光电检测器被污物导致，此时应用十字螺丝刀卸下鼠标底盖上的螺丝，取下鼠标上盖，用棉签清理光电检测器中间的污物。

(3)按键失灵排障

鼠标的按键磨损是导致按键失灵的常见故障，磨损部位通常是按键机械开关上的小按钮或与小按钮接触部位处的塑料上盖，应急时可贴一张不干胶纸或刷一层快干胶解决。较为彻底的解决方法是换一只按键，鼠标按键一般在电气零件商行都有出售。将不常使用的中键与左键交换也是一种常见的处理方法。

杂牌劣质鼠标的按键失灵多为簧片断裂所致，可用废弃的电子打火机微动开关内的小铜片代替。鼠标电路板上元件焊接不良也可能出现故障，最常见的故障是机械开关底部的焊点断裂或脱焊。

(4)清除转轴和转轮的污物

可用手指清除鼠标内部的两根转轴和一只转轮上的污物，清除时应避免污物落入鼠标内部，滚动球可用中性洗涤剂清洗。

什么是主板？

主板又叫做主机板(mainboard)、系统板(systemboard)或母板(motherboard)。它安装在机箱内，是电脑最基本也是最重要的部件之一。主板一般为矩形电路板，上面安装了组成计算机的主要电路系统，一般包括 BIOS 芯片、I/O 控制芯片、键盘和面板控制开关接口、指示灯插接件、扩充插槽、主板及插卡的直流电源供电接插件等元件。主板实际上就是一块电路板，上面密密麻麻的都是各种电路。主板可以说是 PC 机的神经系统，CPU、内存、显示卡、声卡等等都是直接安装在主板上的，而硬盘、软驱等部件也需要通过接线和主板联接才能发挥作用。

什么是 BIOS？

BIOS 是英文全称是 Basic Input Output System，直译后的中文名称是"基本输入输出系统"。其实，BIOS 是一组固化到计算机内主板上一个 ROM 芯片上的程序，它保存着计算机最重要的基本输入输出的程序、系统设置信息、开机后自检程序和系统自启动程序。其主要功能是为计算机提供最底层的、最直接的硬件设置和控制。

什么是主机？

主机指的是计算机用于放置主板及其他主要部件的容器。通常包括以下部件：CPU、内存、硬盘、光驱、电源以及其他输入输出控制器和接口，如 USB 控制器、显卡、网卡、声卡等等。位于主机箱内的通

一口气读懂电子常识

常称为内设，而位于主机箱之外的通常称为外设，比如显示器、键盘、鼠标、外接硬盘、外接光驱等。通常情况下，主机自身已经是一台能够独立运行的计算机系统。

除上述常用部件外，主机还包括一些不常用的设备，比如1394卡、视频采集卡、电视卡、蓝牙等。

什么是内存？

内存是电脑的最重要部件之一，它是与 CPU 进行沟通的桥梁。电脑中所有程序的运行都是在内存中进行的，因此内存的性能对电脑的影响非常大。内存也被称为内存储器，它的作用是用于暂时存放 CPU 中的运算数据，以及与硬盘等外部存储器交换的数据。只要电脑在运行中，CPU 就会把需要运算的数据调到内存中进行运算，当运算完成后，CPU 再将结果传送出来，内存的运行也决定了电脑的稳定运行。内存是由内存芯片、电路板、金手指等部分组成的。

内存是相对于外存而言的。我们平时使用的程序，如 Windows 操作系统、打字软件、游戏软件等，一般都是安装在硬盘等外存上的，但仅仅这样是不能使用其功能的，必须把它们调入内存中运行，才能真正使用其功能，我们平时输入一段文字，或者玩一个游戏，其实都是在内存中进行的。就好比在一个书房里，存放书籍的书架和书柜相当于电脑的外存，而我们工作的办公桌就是内存。通常情况下，我们把要永久保存的、大量的数据存储在外存上，而把一些临时的或少量的数据和程序储存在内存上。

一口气读懂电子常识

什么是声卡？

声卡也称为音频卡，是多媒体技术中最基本的组成部分，是实现声波/数字信号相互转换的一种硬件。声卡的基本功能是把来自话筒、磁带、光盘等的原始声音信号加以转换，输送到耳机、扬声器、扩音机、录音机等声响设备中，或者通过音乐设备数字接口使乐器发出美妙的声音。

声卡是电脑进行声音处理的适配器。它的基本功能有3个：①音乐合成发音功能；②混音器功能和数字声音效果处理器功能；③模拟声音信号的输入和输出功能。声卡处理的声音信息在电脑中以文件的形式存储。声卡工作必须有相应的软件支持，主要包括驱动程序、混频程序和 CD 播放程序等。

声卡可以把来自话筒、收录音机、激光唱机等设备的语音、音乐等声音变成数字信号交给电脑处理，并以文件形式存盘，还可以把数字信号还原成真实的声音输出。声卡尾部的接口从机箱后侧伸出，上面有连接麦克风、音箱、游戏杆和 MIDI 设备的接口。

麦克风和喇叭所用的都是模拟信号，而电脑所能处理的都是数字信号，所以两者不能混用，声卡的作用就是实现两者的转换。从结构上分，声卡电路可以分为模数转换电路和数模转换电路两部分，模数转换电路负责将麦克风等声音输入设备采到的模拟声音信号转换成电脑能处理的数字信号；而数模转换电路负责将电脑使用的数字声音信号转换成麦克风等设备能使用的模拟信号。

一口气读懂电子常识

什么是显卡？

显卡又称为视频卡、视频适配器、图形卡、图形适配器和显示适配器等等。它是连接主机和显示器的"桥梁"，它的主要作用是控制电脑的图形输出，负责将 CPU 送来的的影像数据处理成显示器认识的格式，再送到显示器形成图像。

每一块显示卡基本上都由显示主芯片、显示缓存（简称显存）、BIOS、数字模拟转换器、显卡的接口以及卡上的电容、电阻等组成。其中，显示主芯片是显示卡的核心，它的主要任务是处理系统输入的视频信息并将其进行构建、渲染等。显示主芯片的性能直接决定着显示卡性能的高低。

什么是显示器？

显示器是将电子文件通过特定的传输设备显示到屏幕上，然后再反射到人的眼睛的一种显示工具。从广义上说，电视机的荧光屏、手机、快译通等的显示屏、街头随处可见的大屏幕等都属于显示器的范畴。但目前一般所说的显示器是指与电脑主机相连的显示设备。显示器的应用非常广泛，大到卫星监测、小到看 VCD 电影，可以说在现代社会里，它无所不在。显示器的结构一般为圆型底座加机身。对于一个经常接触电脑的人来说，显示器必然是是他长期要面对的。相信每个人都会有这种感觉，当长时间看一个物体时，眼睛就会感到特别疲劳，显示器也如此，由于它是通过一系列的电路设计从而产生影像的，所以它必定会产生辐射，对人的眼睛伤害极大。不过现在已经出现了很多关于降低彩显辐射的标准，如 MPRII、TCO 系列等，市场上

一口气读懂电子常识

销售的产品只有通过以上认证，才符合安全使用标准，所以消费者在购买时一定要认清标志。

目前显示器有哪些种类？

从早期的黑白世界到现在的色彩世界，显示器经历了一个漫长而艰辛的历程，随着显示器技术的不断发展，显示器的分类也越来越细。下面是显示器最常见的一些种类：

（1）CRT 显示器

CRT 显示器是一种使用阴极射线管的显示器，阴极射线管主要由以下五部分组成：电子枪、偏转线圈、荫罩、荧光粉层以及玻璃外壳。CRT 显示器是早期应用最广泛的显示器之一，CRT 纯平显示器具有可视角度大、无坏点、色彩还原度高、色度均匀、可调节的多分辨率模式、响应时间极短等优点，这些优点是 LCD 显示器远远不及的，而且 CRT 显示器的价格要比 LCD 显示器便宜得多。

（2）LCD 显示器

LCD 显示器就是液晶显示屏，它的主要原理是以电流刺激液晶分子产生点、线、面配合背部灯管构成画面。它的优点是机身薄，占地小，辐射小，属于一种绿色健康产品。但这并不意味着液晶显示屏对人体毫无危害，还要看各人使用电脑的习惯是否健康。

（3）LED 显示器

LED 是英文 Light Emitting Diode 的缩写，意为发光二极管，简称LED。它是一种通过控制半导体发光二极管的显示方式，用以显示文字、图形、图像、动画、行情、视频、录像信号等各种信息的显示屏幕。

LED 显示器集微电子技术、计算机技术、信息处理技术于一体，

主要优点是色彩鲜艳、动态范围广、亮度高、寿命长、工作稳定可靠等，目前已经成为最具优势的新一代显示设备。目前，LED 显示器已被广泛应用于大型广场、商业广告、体育场馆、信息传播、新闻发布、证券交易等，可以满足不同环境的需求。

(4)PDP 显示器

PDP 是英文 Plasma Display Panel 的缩写，意为等离子显示器。这种显示器采用的是近几年来高速发展的等离子平面屏幕技术。

等离子显示技术的成像原理是在显示屏上排列上千个密封的小低压气体室，通过电流激发使其发出肉眼看不见的紫外光，然后紫外光碰击后面玻璃上的红、绿、蓝 3 色荧光体发出肉眼能看到的可见光，以此成像。

等离子显示器的主要优点是厚度薄、分辨率高、占用空间少，而且可以作为家中的壁挂电视使用，因此代表了未来电脑显示器的发展趋势。

电脑键盘的工作原理是什么？

键盘是电脑中使用最普遍的输入设备，它一般由按键、导电塑胶、编码器以及接口电路等组成。

键盘的基本工作原理是实时监视按键，将按键信息送入电脑。在键盘上通常有上百个按键，每个按键都负责着一个或几个功能，当用户按下其中一个按键时，键盘中的编码器就能迅速将此按键所对应的编码通过接口电路输送到电脑的键盘缓冲器中，由 CPU 进行识别处理。

根据键盘的工作原理，可以将电脑键盘分为编码键盘和非编码

一口气读懂电子常识

127

键盘。键盘控制电路的功能是完全依靠硬件来自动完成的,这种键盘称为编码键盘,它能自动将按下键的编码信息送入电脑。另外一种键盘,它的键盘控制电路功能需要依靠硬件和软件共同完成,这种键盘称为非编码键盘。这种键盘响应速度不如编码键盘快,但它可通过软件为键盘的某些按键重新定义,为扩充键盘的功能提供了很大的方便,从而得到了广泛的应用。

电脑键盘可以分为外壳、按键和电路板三个组成部分。键盘的外壳主要用来放置电路板和为操作者提供一个操作平台。一般键盘外壳上都有可以调节键盘角度和高度的调节装置,另外,键盘外壳上还提供了指示灯,用来指示某些按键的功能状态等等。

键盘的按键就是我们最常用的输入设备,早期的电脑键盘一共由 83 个键组成。后来不断增加新的控制键,逐渐发展成为标准的 101 键 PC 键盘。再后来,随着 Windows 系统的广泛应用,又出现了 Windows 加速键盘,将按键增加到了 104 个,目前市面上的键盘大多是 104 键盘。键盘的按键大致可以分为 4 个区域,即主键盘区、副键盘区、功能键区和数字键盘区。

电路板是键盘的心脏,由逻辑电路和控制电路组成,用于对键盘指令进行解释和执行。

光驱的工作原理是怎样的?

激光头是光驱的核心,也是光驱中最精密的部分。它主要负责数据的读取工作,因此在清理光驱内部的时候要格外小心。

激光头主要包括激光发生器(也叫激光二极管)、半反光棱镜、物镜、透镜以及光电二极管这几个部分。当激光头读取盘片上的数据

时,从激光发生器发出的激光透过半反射棱镜,汇聚在物镜上,物镜将激光聚焦成为极其细小的光点并打到光盘上。此时,光盘上的反射物质就会将照射过来的光线反射回去,透过物镜,再照射到半反射棱镜上。由于棱镜是半反射结构,因此不会让光束完全穿透它并回到激光发生器上,而是经过反射,穿过透镜,到达光电二极管上面。由于光盘表面是以突起不平的点来记录数据的,所以反射回来的光线就会射向不同的方向。人们把射向不同方向的信号定义为"0"或者"1",发光二极管接受到的是那些以"0"、"1"排列的数据,并最终将它们解析成为我们所需要的数据。

在激光头读取数据的整个过程中,寻迹和聚焦直接影响到光驱的纠错能力和稳定性。寻迹就是保持激光头能够始终正确对准记录数据的轨道。当激光束正好与轨道重合时,寻迹误差信号就是"0",否则寻迹信号就可能是正数或者负数,激光头会根据寻迹信号对姿态进行适当的调整。如果光驱的寻迹性能很差,在读盘的时候就会出现读取数据错误的现象,最典型的就是在读音轨的时候出现跳音现象。

所谓聚焦,就是指激光头能够精确地将光束打到盘片上并且受到最强的信号。当激光束从盘片上反射回来时会同时打到 4 个光电二极管上。它们将信号叠加并最终形成聚焦信号。只有当聚焦准确时,这个信号才为"0",否则,它就会发出信号,矫正激光头的位置。

聚焦和寻迹是激光头工作时最重要的两项性能,我们通常所说的读盘好的光驱主要是指这两方面性能优秀的产品。

影响电脑反应速度的因素主要有哪些?

影响电脑反应速度的因素主要有以下几个:

一口气读懂电子常识

(1)桌面上放置太多图标。桌面上有太多图标会降低系统启动速度。很多用户都希望将各种软件或者游戏的快捷方式放在桌面上，使用时非常方便，实际上这样会使得系统启动变慢很多。由于 Windows 每次启动并显示桌面时，都需要逐个查找桌面快捷方式的图标并加载它们，图标越多，所花费的时间也就越多。建议大家将不常用的桌面图标放到一个专门的文件夹中或者干脆删除。

(2)在开机时加载太多程序。电脑在启动过程中，除了会启动相应的驱动程序外，还会启动一些应用软件，这些应用软件我们称其为随机启动程序。随机启动程序不但会拖慢开机时的速度，而且还会消耗计算机资源以及内存。一般来说，如果想删除随机启动程序，可去"启动"清单中删除，但如果想详细些，例如是 QQ、MSN 之类的软件，是不能在"启动"清单中删除的，要先进入"附属应用程序"，再进入"系统工具"，然后进入"系统信息"，点击上方工具列的"工具"，再点击"系统组态编辑程序"，在"启动"的对话框中，就会详细列出在启动电脑时加载的随机启动程序了。

(3)有些杀毒软件提供了系统启动扫描功能，这同样会耗费非常多的时间。如果您已经打开了杀毒软件的实时监视功能，那么启动时扫描系统就显得有些多余，最好还是将这项功能禁止。

(4)安装很多的字体。安装的字体越多，占用的内存就越大，从而拖慢计算机的速度。所以要删除一些不必要的字体。要删除这些不必要的字型，你需要到控制面板中，然后进入一个叫"字体"的文件夹，便可以删除字体。

(5)在"磁盘"的对话框中，不要选"每次开机都搜寻新的磁盘驱

动器"，这样也能加快开机速度。

(6)摆放在桌面的壁纸也是拖慢计算机反应速度的因素之一。如果有这种情况出现，最好把壁纸关闭。

你知道电脑最怕什么吗？

电脑也有它所惧怕的东西，主要有以下几方面：

(1)硬盘

硬盘最怕的是震动，大的震动会让磁头组件碰到盘片上，一旦划伤就难以修复，最重要的是盘上的数据可能因此丢失。

(2)主板

主板最怕的是静电和形变。静电可能会弄坏 BIOS 芯片和数据，损坏各种基于 MOS 晶体管的接口门电路，它们一旦坏了，所有的"用户"(插在它上面的板卡或设备)都互相找不到了，因为它们的联系是靠总线、控制芯片组、控制门电路来协调和实现的。板卡的变形可能会使线路板断裂、元件脱焊，板卡上的线路密密麻麻，一旦断裂，恐怕很难找到断裂位置。

(3)CPU

CPU 是电脑的心脏，它最怕的是高温和高电压。高温容易使内部线路发生电子迁移，缩短 CPU 的使用寿命。高电压更是危险，很容易烧毁 CPU。超频时尽可能不要用提高内核电压的方法来帮助超频，否则可能带来不堪想象的后果。

(4)内存

内存最害怕的就是超频，一旦达不到所需频率，很容易出现黑屏，甚至发热损坏。

（5）光驱

光驱最怕灰尘和震动。灰尘是激光头的"杀手"，震动同样会使光头"打碟"，从而损坏光头。此外粗劣的光盘也是光驱的大敌，它会加大光头伺服电路的负担，加速机芯的磨损，加速激光管的老化。现在市面上流行的 DVCD 光碟是光驱最危险的敌人，因为它的光点距离比普通光驱设计标准点的距离要小得多，光驱读它就像近视眼人看蝇头小字一样困难，因此不要为了图便宜而购买这些劣质光碟。

（6）软驱

软驱最怕的是灰尘和机械冲击。灰尘会堵塞磁头，发生读写失误；冲击则容易使磁头组件易位。

（7）电源

电源最怕反复的开机、关机。开机时，开关电源需要建立一个由启振到平衡的过程，启振过程中如果频率不稳、冲击电流大，都容易烧毁开关管。绝大部分的开关管都是在开机瞬间烧毁的。

（8）显示器

显示器是进行人机交流的界面，是整个电脑系统中的耗电大户，还是最容易损坏的部件。它最怕的是冲击、高温、高压、灰尘、高亮度、高对比度、电子灼伤等等。显像管极其精密，瞬间的冲击极易对它造成损伤，发生诸如断灯丝、裂管颈、漏气等问题；高温容易使电源开关管损坏，温度越高开关管越容易击穿损坏，所以它的散热片很大；灰尘容易使高压电路打火，损坏周围的元件。过高的亮度和对比度会降低荧光粉的寿命，使显示器用不了几年就会"面目无光"、色彩暗淡；电子灼伤指的是显示器出现故障时出现的亮线和亮点，它对荧光屏

一口气读懂电子常识

的损伤最大,使屏幕上出现明显的烧伤痕迹,影响显示,因此一旦出现水平亮线、垂直亮线和关机亮点,应该立即送去检修。

(9)键盘

键盘最怕潮气、灰尘和拉拽。现在大部分的键盘都采用塑料薄膜开关,即开关由三张塑料薄膜构成,中间一张是带孔的绝缘薄膜,两边的薄膜上镀上金属线路和触点,如果受潮或沾染灰尘,都会使键盘触点接触不良,操作失灵。托拽容易使键盘线断裂,使键盘出现故障。

(10)鼠标

这只"小老鼠"最怕灰尘、强光以及拉拽。小球和滚轴上沾上灰尘会使鼠标机械部件运作失灵,强光会干扰光电管接受信号,拉拽则可能使"鼠尾"断裂,使鼠标失灵。

使用电脑有哪些注意事项?

我们在使用电脑时,需要注意以下几方面:

(1)开关机

电脑设备一定要正确关闭电源,否则会影响其使用寿命,也是一些故障的罪魁祸首。正确的电脑开关机顺序应该是:开机,先接通并开启电脑的外围设备电源,如显示器,打印机等,然后再开启电脑主机电源;关机的顺序恰恰相反,先关闭主机电源,然后再关闭其他外围设备的电源。

(2)电脑设备使用安全须知

①电脑设备不宜放在灰尘较多的地方,比如靠近路边的窗口等,如果实在没有条件更换地方,则应该为您的电脑加盖一层防尘罩;不宜放在较潮湿的地方,比如水瓶集中处,饮水机旁等;此外,还应该注

意主机箱的散热,避免阳光直接照射到电脑上等等。

②电脑应该配备一个专用电源插座,并且应严禁再使用其他电器;下班时应该检查电脑设备是否全部关闭,然后再离开。

③不能在电脑工作的时候搬动电脑。

④切勿在电脑工作的时候插拔设备、频繁地开关机器、带电插拔各接口(除 USB 接口),否则很容易烧毁接口卡或造成集成块的损坏。

⑤防静电,防灰尘,不能让键盘,鼠标等设备进水。

⑥定期对数据进行备份并整理磁盘。由于硬盘的频繁使用、病毒、操作失误等,有些数据很容易丢失。因此要经常对一些重要的数据进行备份,以防止几个月完成的工作因备份不及时而全部丢失。经常整理磁盘,及时清理垃圾文件,以免垃圾文件占用过多的磁盘空间,还给正常文件的查找和管理带来不便。

⑦检查您的机器是否处于良好的工作状态,包括:设备是否有异常问题、各个接线是否松动等,如果发现问题或故障,应该及时报修。

⑧预防电脑病毒,安装杀毒软件,定期升级并且查杀病毒。

如何让电脑及时散热,减少故障发生?

电脑散热不及时会导致很多的电脑故障。整个系统的散热可以直接影响电脑的稳定性和性能,因此,让您的电脑及时散热非常重要。

(1)选择一个房间中最冷的地方来放置电脑。由于热空气上升的缘故,如果条件允许,放置电脑的楼层越低越好。电脑要靠墙放置,而且要选择与太阳升起的东方相对的那面墙,以避免阳光的直射。电脑周围也不要放置发热量大的电器。

(2)具体摆放主机时,要选择利于空气流通的位置。机箱周围的顶部要留有一定的空间,尤其要注意机箱上的各个入气口和排气口不能被堵塞。

(3)如果空气流通不存在什么问题,并且房中安装了空调,也要简单布置一下。如果您的电脑房间很大,使用的是中央空调,在使用电脑时最好把温度调低一些,关机后再调回来。房间小就没有必要这么做了。

(4)检查一下房间内使用的灯管。白织灯的发热量不小,最理想的情况是使用发热量较低的冷光灯。

(5)不使用电脑时最好关机。使用屏幕保护程序时,也不要忘记此时电脑的功率并不比平时低多少,其发热量不能小视。显示器最后设为闲置 15~20 分钟后进入节能模式。在启动时的 BIOS 中,还可以设置休眠或挂起到内存。这些措施都可以节省能源并且延长电脑的使用寿命。

(6)确定机箱中能形成正常的气流。通常采用的做法是在机箱的前面吸风,后面和顶部抽风。添加机箱风扇非常必要,机箱中空余插槽对应位置的挡板一定要装上,主板接口的挡板也要装好,也就是除了进风口和抽风口不要留下任何出风口,这样才能保证形成理想的气流方向。此外,还要确定气流不会被挡住,尽量不要让机箱内的走线挡住重要的气流位置,当然线越少越好,如果线太多,最好把它们扎成一束一束的。尽可能不选择太小的机箱,较大的空间对主板散热是有所帮助的。

(7)灰尘也会对散热产生很大的不良影响,所以周围的环境一定

一口气读懂电子常识

135

要干净。电脑在使用一段时间后,各个部件上都会积聚很多灰尘,它们会把原件和空气隔离,所以要养成定期清理灰尘的好习惯。电源风扇和机箱风扇上的灰尘也很多,大家可以用气老虎及时除掉附在上面的灰尘,这些措施都可以增强散热效果。

(8)升级或增加风扇。一般的机箱都可以安装 80~120 毫米的机箱风扇。对于直径大的风扇,低转速也能保证较大的风量。现在的主板一般都有监视 CPU 核心温度的功能,如果您的 CPU 核心温度超出环境温度太多,您最好还是升级你的 CPU 风扇。硬盘的散热也很重要,大家也可以为它装配风扇,但一定要安装牢固,否则震动反而会影响硬盘寿命。市面上还有一种插在 PCI 插槽上的风扇,通常用来帮助显卡和主板散热,也能加强机箱内部的空气流动。

(9)机箱的体积和设计对散热起着至关重要的作用。一般来说,大体积的机箱对散热是有帮助的,因为它允许更多的空气流经各个组件。设计良好的机箱都会预留前后机箱风扇的位置,一旦机箱内形成由下至上,由前至后这种良好的气流,就能为 CPU 和显卡等发热量大的组件及时补充冷空气,使得 CPU 和显卡的温度及时降低。

(10)每个不同的解决方案都同时存在着优点及缺点。对于硅脂而言,良好的产品也会带来一些附加的弊病。例如一些加入金属的导热硅脂也会带有微弱的导电性,直接和处理器核心接触可能会引起短路。如果使用 PCM 散热,就必须提前于 CPU 安装,PCM 最适合于不更换 CPU 的用户。一旦取掉 CPU 并更换散热片,PCM 材料也必须随之更换。在更换 PCM 板的时候,使用 1 英寸×1 英寸的正方形板就可以了,而原来的 PCM 板必须安全卸掉。

一口气读懂电子常识

什么是笔记本电脑？

笔记本电脑的英文称呼是 NoteBook、Portable、Laptop、Notebook Computer 等，简称 NB，又称为手提电脑或膝上型电脑，港台地区称之为笔记型电脑，是一种小型、可携带的个人电脑，通常重 1~3 千克。它的发展趋势是体积越来越小，重量越来越轻，但功能却越发强大。

和 PC 的相比，笔记本电脑的主要优点是：体积小、重量轻、携带方便。超轻超薄是它的主要发展方向。其便携性和备用电源使移动办公成为可能，因此越来越受到用户的推崇。为了缩小体积，笔记本电脑通常使用液晶显示器，也称液晶屏 LCD。除了键盘以外，有些还装有触控板或触控点作为定位设备。

笔记本电脑从用途上一般可以分为四类：商务型、时尚型、多媒体应用型、特殊用途型。商务型笔记本电脑的特征一般可以概括为移动性强、电池续航时间长；时尚型外观特异，也有适合商务使用的时尚型笔记本电脑；多媒体应用型的笔记本电脑是结合强大的图形及多媒体处理能力，又兼有一定的移动性，市面上常见的多媒体笔记本电脑一般都拥有独立的较为先进的显卡，较大的屏幕等；特殊用途的笔记本电脑是服务于专业人士，可以在酷暑、严寒、低气压、战争等恶劣环境下使用的一种机型，一般都比较笨重。

笔记本电脑经历了怎样一个发展历程？

1979 年，Grid Compass 1109 电脑问世，这是人类有史以来对笔记本电脑制作的第一次尝试。这款电脑是由英国人 William Mog-gridge 在 1979 年为 Grid 公司设计的。不过这款电脑只是为了应用于

美国航空航天领域而设计研发的,普通民众是无法与其接触的。

1983 年 5 月,美国发布了世界首款彩色便携电脑——Commodore SX-64 "Executive"。这款便携电脑采用的是 MOS 6510(1 兆赫兹)处理器,内存为 64K,采用的是 320×200 分辨率的 5 寸彩色显示器,内置 5.25 英寸 170K 的软驱一个。

1984 年 2 月,IBM 公司发布 IBM 5155 个人便携电脑。这款便携电脑采用的 CPU 是 Intel 8088(4.77MHz),配备 256K 的内存(最大扩充 640K),内置显示器为 9 英寸的琥珀黄色显示器,分辨率为 640×200,采用的系统为装在磁盘上的 IBM PC-DOS Version 2.10。

1985 年,由日本东芝公司生产的第一款笔记本电脑 T1100 正式问世,这款笔记本电脑迄今为止是多数国内媒体公认的第一款笔记本电脑。

1989 年 9 月,苹果公司面向用户推出了第一款笔记本电脑。它采用了 68HC000 处理器,这是 Motorola 68000 的低电压版本,运行频率为 16MHz。内存为 1MB,内置了 40MB 的 SCSI 硬盘。这款笔记本采用的显示屏依旧为 10 英寸单色液晶显示器,分辨率为 600×400。当然也正因为性能卓越,这款笔记本电脑的价格十分昂贵。

1991 年,第一台商业上可用的、配置彩色 TFT 显示屏的笔记本电脑诞生,其产品型号为 T3200SXC,CPU 为 Intel386SX(20 兆赫兹),内存为 1MB,硬盘为 120MB,显示屏为彩色 24 厘米 Active Matrix TFT,分辨率为 640×480(VGA)。

1992 年 10 月,IBM 推出了第一台以 ThinkPad 命名的笔记本电脑 ThinkPad 700C。

1994 年，第一台配置 Pentium 处理器的笔记本电脑——东芝 T4900CT 问世，它的内存为 8MB，硬盘为 772MB，26 厘米 TFT，分辨率为 640×480(VGA)。

1995 年，ThinkPad 760cd 问世，这是世界上第一款支持多媒体功能、第一个采用 12.1 英寸 SVGA 高分辨率显示的笔记本电脑。支持多媒体功能意味着笔记本电脑从纯商用开始走向更为广阔的多元化市场，此时的笔记本电脑正如当年的 PC 一样，开始走向大众化。

使用笔记本电脑有哪些注意事项？

使用笔记本电脑应该注意以下事项：

(1)忌摔

使用笔记本电脑的第一大忌讳就是摔。笔记本电脑一般都装在便携包中，放置时一定要放在稳妥的地方。注意电脑放在包中时一定要把包的拉链拉上，拉链拉开后就一定要将电脑取出来。此外，由于笔记本电脑是经常要带着走的，所以免不了会磕磕碰碰，而笔记本电脑是经不起磕碰的，因此要格外谨慎。

(2)怕脏

一方面，笔记本电脑经常会被带到不同的环境中去使用，因此比台式机更容易被弄脏；另一方面，由于笔记本电脑非常精密，因此比台式机更不耐脏，所以需要您的精心呵护。此外，大部分笔记本电脑的便携包是不防水的，因此如果您经常背着笔记本电脑外出，就一定要做好防水措施。

(3)禁拆

笔记本电脑非常精密而且娇贵，拧下个螺丝钉都可能带来麻烦。

一口气读懂电子常识

不仅一不小心就可能将它拆坏,而且自行拆卸过的电脑,厂家可能就不再保修了。因此在使用中如果出现问题,最好去找厂家处理或请专业人员帮助解决。

(4)少用光驱

光驱是目前电脑中最容易衰老的部件,笔记本电脑的光驱也不例外。笔记本电脑的光驱多是专用产品,损坏后要更换是非常麻烦的,因此要格外爱惜。用笔记本电脑看 VCD 或听音乐是个极不好的习惯,更换笔记本电脑光驱的钱足够您买一台高级 VCD 机或 CD 随身听了,何必要在笔记本电脑上看光碟呢?

(5)慎装软件

笔记本电脑主要是为移动办公服务的,在笔记本电脑上应该只安装您很了解的没有问题的软件,不要拿笔记本电脑试验一些自己都没有把握的软件。笔记本电脑上的软件不要装得太杂,系统太杂了就会引起一些冲突或这样那样的问题。另外,笔记本电脑更应该谨防病毒。

(6)保存驱动程序

笔记本电脑的硬件都有一些非常具有针对性的驱动程序,因此要做好备份和注意保存。如果是公用笔记本电脑,交接时更应该注意,笔记本电脑的驱动丢失后要找全是非常麻烦的。

(7)注意使用环境

笔记本电脑上面有电路和元器件,注意不要在过强的磁场附近使用。当然在乘飞机时也不宜使用。不要将笔记本电脑长期放置在阳光直射的窗户下,经常处于阳光直射下容易加速外壳的老化。

(8)散热的问题

散热问题是笔记本电脑设计中的难题之一。由于空间和能源的限制,在笔记本电脑中不可能安装像台式机中使用的那种大风扇。因此,使用时要注意给您的爱机及时散热,让散热位置保持良好的通风条件,不要阻挡住散热孔。如果机器是通过底板散热的话,就不要把机器长期摆放在热的不良导体上使用。

如何选购笔记本?

选购笔记本电脑要注意以下几个问题:

(1)要看笔记本电脑的特点和类型。

笔记本电脑大致可以分为台式机替代型、主流轻薄型和超轻薄型三种。台式机替代型一般体积、重量和显示屏都比较大,接口齐全,可提供强大的数据、图形处理能力;主流轻薄型体积相对较小,一般采用光驱软驱互换的机构;超轻薄型体积小巧、造型时尚,通常有外接的软驱(或 U 盘)、光驱。

(2)要看 CPU。

CPU 是笔记本电脑的处理器,尽可能选择装配主流 CPU 的型号,性能好,在速度上占据优势,对需要安装较复杂的应用软件的用户来说,虽然价格高也值得考虑;非主流处理器的笔记本价格比较低,但对于处理普通文档,编辑报表等已经足够。

(3)要看显示屏幕。

液晶显示器是笔记本电脑中最为昂贵的一个部件。屏幕的大小主流为 14.1 英寸,也有 15 英寸的。如果用户经常出差的话,建议选择一些超薄、超轻型的笔记本,屏幕在 12 英寸~13 英寸,如果用户是

在办公室使用,不妨选择屏幕大一点的,这样看起来比较舒适。

(4)使用要看内存。

虽然 128MB 已经足够用了,但是如果加装到 256MB,跑 WinXP 就比较顺了,目前内存均以 DDR 为主流。

(5)要看硬盘容量。

目前笔记本的容量基本都在 10GB 以上,而主流机型则搭配 20GB 或是 30GB 不等。但如果有多媒体档案要储存,就应该选择尽量大容量的硬盘。

(6)要看软驱。

全内置型笔记本软驱在电脑里面。但在某些超薄型机种里,没有软驱或者软驱是外接式的,最好选择 USB 接口的,即插即用,不用时就不连接,既可以节省空间,又不影响使用。

(7)要看光盘驱动器。

目前流行搭配 DVD-ROM,甚至加 CD-RW(可刻录)。从使用和经济的角度考虑,选择 DVD-ROM 就可以了。要注意光驱读盘的稳定性、读盘声音、读盘时的纠错能力、光驱速度等。

(8)要看电池和电源适配器。

购买电池最好选择锂电池。在选购电源适配器时应该注意,如果长时间工作以后,其温度太高就说明质量不可靠。

(9)要看网络功能。

目前的新款笔记本电脑,已经把网络功能列为标配了:包括 56K 调制解调器(Modem)以及 10/100M 的以太网网卡。在购买时建议您加装,因为 Modem 上网对笔记本电脑来说是非常方便的,而网卡可以

很方便地连上局域网或 Internet。

(10)要看扩充性。

应该充分考虑产品的扩充性能和可升级性。使用最频繁的 USB 接口,有多个比较好,可以很轻易地接上数字相机、扫描仪、鼠标等各种外设。

(11)是否预装操作系统。

没有预装操作系统,就是所说的"裸机",这对系统的稳定性有一定的影响。

(12)看品牌。

买笔记本电脑最好不要只图便宜。品牌保证在购买笔记本电脑时是非常重要的,因为一般品牌形象好的公司,通常会在技术及维修服务上有较大的优势,并反映在产品的价格上。此外,在软件以及整体应用的搭配、说明文件、配件等也会较为用心。

在询问价格的同时,还应该关注保修及日后升级服务的内容。尤其是保修服务方面,有些公司提供一年,有些公司则提供三年的保修服务;有些公司设有快速维修中心,有些则没有;而保修期间的维修、更换零件是否收费各个品牌也不尽相同。

(13)其他注意事项。

①检查外观:验货时一定要注意是否是原包装,当面拆封、解包,注意包装箱的编号和机器上的编号是否相符,这样可以防止返修机器或展品当作新品出售。

②检查屏幕:当电脑打开时,除了直接看屏幕的显示品质之外,还要查看屏幕上有没有坏点。

一口气读懂电子常识

143

③检查散热：散热对笔记本电脑来说非常重要。一台笔记本电脑散热的设计处理如果不好，轻则耗电、缩短电池持续力，重则系统不稳定、经常死机，甚至缩短笔记本电脑的使用寿命。现场检查散热好坏的要诀是直接触摸：等到笔记本电脑开机大概至少十分钟以后，用您的手掌触摸键盘表面以及笔记本电脑的底盘，可以感觉到一个最热的地方，如果觉得烫手，说明这台笔记本电脑的散热性能不佳。

④除上述问题之外，还有一些问题需要注意：鼠标、触控板不听使唤、光标拖不动，机器过热、程序跑不动，内部有不正常杂音，屏幕不正常的闪烁、响应时间太久（正常应在一分钟左右），甚至死机等，都是系统不稳定的征兆，所以应该格外注意。

目前有哪些具有影响力的品牌笔记本电脑？

目前市场上比较有影响力的电脑主要有以下几类：

(1)欧美系

IBM，即国际商用机器，其硬件处于领先地位；HP，即惠普，是世界第一大计算机制造商；Apple，即苹果，其 Mac 系统的稳定性绝对优秀；DELL，即戴尔，它是靠拼装台式机出身的美国品牌，其价格低，配置高；Gateway，即捷威，是非常著名 PC 制造商。

(2)日系

TOSHIBA，即东芝，它掌握着硬盘的核心技术；FUJITSU，即富士通，称得上日本的 IBM，是日本最大的 IT 厂商，也是世界第三大 IT 服务供应商；Sony，即索尼，影音娱乐产品无人能敌，拥有出色的外观设计和独特的功能设计；Panasonic，即松下，其电脑拥有别具特色的外观设计、轻薄的机身、强大的抗压能力，同时拥有全球最长的电池

使用时间;NEC,即日本电气,是日本比较大的 IT 服务商,NEC 最大的特色是轻薄时尚,外观设计独特细腻,笔记本的机身周边,键位设置极其讲究;SOTEC,即索泰,它具有近二十年的笔记本研发历史。

(3)韩系

SAMSUNG,即三星,是世界最好的电子公司之一,其笔记本的突出特点是外观上精致时尚、注重娱乐时尚,在性能上技术含量较高;LG,LG 笔记本拥有精美的外观、优秀的液晶屏、值得信赖的产品做工质量,并且性能强劲、超薄便携、电池续航能力强。

(4)台系

ASU,即华硕,是世界 10 大最重要的计算机厂商之一,其笔记本电脑品质稳定,让人觉得放心;Acer,即宏碁,是世界第七大个人电脑厂商,商务用机与 PC 完美结合,细腻精巧、外观漂亮时尚、技术不断创新;BenQ,即明基,是娱乐时尚型笔记本的新形象;MSI,即微星,是硬件厂商的典范,也是全球前三大主板生产厂商之一,全球第一大显卡生产商。

(5)国产系

Lenovo,即联想,是中国 IT 的骄傲,收购了 IBM 的 PC 事业部,也是中国内地笔记本电脑与海外品牌对抗的扛旗者;TCL,国产一线主流笔记本,从零部件生产环节开始,到源头开始实现品质的严格监控,以最出色的品质打造中国最出色的笔记本电脑;FOUNDER,即方正,其在设计、创新力、安全稳定、服务等方面都做得相当不错,新颖的外观,独到的设计,备受时尚用户的青睐;HASEE,即神舟,是低价格的典范,神州虽然低价,但并未偷工减料,质量可靠;TONG FANG,

即清华同方,清华同方商用便携,是中国名牌大学投资建立的 IT 企业;Greatwall,即长城,是国内资格最老的 IT 厂商;HEDY,即七喜,始终与其他品牌的笔记本保持着一定的差异化，其笔记本多属宽屏系列，相对于其他品牌普通的 4:3 屏幕有着很大的优势;AMOI，即夏新,是中国笔记本的后起新秀,也是中国第一个自主研发并上市的笔记本厂商，具有国际水平的自主研发体系和高品质的全程制造生产线;Haier,即海尔,也是笔记本电脑领域的后起者,目前在笔记本方面虽没有优势,但其实力雄厚,凭借其品牌的影响以及在家电业所创下的信誉必将成为后起之秀。

什么是兼容机？

简单地说，兼容机就是非厂家原装，而改由个体装配而成的电脑。兼容机的元件可以是同一厂家生产,但更多的情况是整合各家之长。

IBM 公司于 1980 年采用了 INTEL 公司生产的 8088 芯片作为计算机的 CPU(中央处理器),生产出了一种个人计算机。由于当时许多软件是基于 8088 设计的,因此有许多硬件生产厂家均采用与 INTEL 公司生产的 8088 芯片兼容的 CPU。鉴于 IBM 公司在此领域的先进地位,人们把 IBM 公司生产的采用 INTEL 公司生产的芯片作为 CPU 的计算机称为原装机，而除此之外的其他公司生产的计算机则称为兼容机。

到了 90 年代，人们习惯上把打上品牌整机出售的都叫品牌机，而把自己购买配件或装机店推荐配置组装的电脑统称为兼容机。我国国内其实没有一家可以算真正 PC 品牌机制造商,包括联想和方正

一口气读懂电子常识

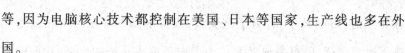

等,因为电脑核心技术都控制在美国、日本等国家,生产线也多在外国。

兼容机日常使用应注意什么?

兼容机电脑具有较高的性能价格比,而且对于各部件可以比较自由地选择,从而赢得了不少用户的青睐。然而兼容机与品牌机相比,也有自己的劣势:品牌机如果出现什么故障,我们可以得到厂家的保修,但兼容机就不同了,由于各配件来源不同,更没有产品保修证书,厂家对其卖出的零部件产品质量也不负责,一旦机器出了问题,又不能确定是哪个部件的问题,必须到不同的商家去维修。为了避免这种麻烦,我们非常有必要注重兼容机的保养:

(1)在搬运移动电脑时,要轻拿轻放,放置电脑的桌子要平稳,不能放在有震动的地方。

(2)注意防雷。在夏季的雷雨季节,不要让电脑冒雷工作。不用电脑时,一定要将电源线拔掉。

(3)放置电脑的地方要远离高温、潮湿,并且避免灰尘,也不能放置在静电较大、磁场较强的地方。最好放置在通风、温度变化不大、洁净的场所,注意避免阳光直射,电源插座最好用抗静电接地的。

(4)多媒体电脑与家用音像设备连接时,要注意防磁、防反串烧(即电脑并未工作,而从家用电器和音频、视频等端口传送过来的漏电压、电流或感应电压,烧坏电脑),电脑的供电电源要与家用电器的电源分开,不要共用一个电源插座,而且信号线要与电源线分开,不要相互交错或缠绕在一起。

(5)不要把电脑放在强光照射的地方,因为电脑的机身受阳光或

一口气读懂电子常识

强光照射,时间长了,容易老化变黄,而且电脑的显示屏幕在强烈光照下也会老化,降低发光效率。为了避免造成这样的后果,我们就必须把电脑摆放在日光照射较弱或者没有光照的地方,或者在光线必经的地方挂块深色的布,以减轻光照强度。

(6)准备一些常用的清洗工具,比如软驱光驱清洁盘、机壳洁净剂等,这样便于定期清洗电脑,使电脑处于良好的工作状态。

(7)在电脑主机拔插连接扫描仪、打印机、调制解调器以及音箱等外部设备时,一定要确保关闭电源以免引起主机或者外设的硬件烧坏。

(8)不要在电脑正在运行时,特别是硬盘指示灯在闪烁时突然关闭电源,这样容易造成硬盘的永久性损坏。

(9)在调节计算机控制面板上的功能旋钮时,要缓慢稳妥,不能猛转硬转,以免损坏旋钮。

(10)电脑的大多数故障都是由软件引起的,而电脑病毒又最容易引起软故障,因此,搜集一些强有力的杀毒软件,做好防毒杀毒工作是必不可少的。

(11)不要在电脑附近堆放杂物,一方面可能会因此影响电脑的正常散热,另外一方面以免杂物下坠损伤电脑。

(12)不要频繁开关电脑,因为给电脑供电的电源是开关电源,要求至少在关闭电源半分钟后才可以再次打开电源。如果市电电压不稳定,偏差过大,或者供电线路接触不良,则应该配置 UPS 电源,以免造成电脑组件的迅速老化或者损坏。

(13)在实践过程中,应该多向行家高手请教,并且能够多阅读一

些电脑方面的书籍,通过理论和实践的结合,迅速提高自己的电脑操作水平,力争做到小问题能够自行解决。

什么是电脑辐射?

俗话说:金无足赤。电脑作为一种现代高科技的电子产品,在给人们的生活带来很多便利、高效与欢乐的同时,也存在着一些有害于人体健康的不利因素。

电脑对人体健康的危害主要表现电脑辐射方面。从辐射类型来看,主要包括电脑在工作时产生和发出的电磁辐射(各种电磁射线和电磁波等)、声(噪音)、光(紫外线、红外线辐射以及可见光等)多种辐射"污染"。

从辐射源来看,包括 CRT 显示器辐射源、机箱辐射源以及音箱、打印机、复印机等周边设备辐射源。其中 CRT(阴极射线管)显示器的成像原理,决定了它在使用过程中难以完全消除有害辐射。因为它在工作时,其内部的高频电子枪、偏转线圈、高压包以及周边电路会产生诸如电离辐射(低能 X 射线)、非电离辐射(低频、高频辐射)、静电电场、光辐射(包括紫外线、红外线辐射和可见光等)多种射线及电磁波。与 CRT 相比,液晶显示器则是一种无辐射(可忽略不计)、环保的"健康"型的显示器。机箱内部的各种部件,包括高频率、功耗大的CPU,带有内部集成大量晶体管的主芯片的各个板卡,带有高速直流伺服电机的光驱、软驱和硬盘,若干个散热风扇以及电源内部的变压器等等,工作时则会发出低频电磁波等辐射和噪音干扰。另外,外置音箱、复印机等周边设备辐射源也是一个不容忽视的"源头"。

电脑辐射有哪些危害?

电脑辐射的危害主要表现在以下几个方面:

(1)电脑辐射污染会影响人体的循环、免疫系统和代谢功能,严重的还可能诱发癌症,并会加速人体癌细胞的增殖。

(2)影响人体的生殖系统,主要表现为男子精子质量下降,孕妇发生自然流产和胎儿畸形等。

(3)影响人体的心血管系统,表现为心悸、失眠,部分女性经期紊乱、心动过缓、心搏血量减少、窦性心率不齐、白细胞减少、免疫功能下降等。

(4)对人们的视觉系统产生不良影响。由于眼睛属于人体对电磁辐射的敏感器官,过高的电磁辐射污染会对视觉系统造成很大的影响,主要表现为视力下降,引起白内障等。

因此,电脑辐射已成为继水源、大气、噪声之后的第四大环境污染源,成为危害人类健康的隐形"杀手",预防和控制电脑辐射已经成为当务之急。

怎样预防电脑辐射?

为了尽可能减少电脑辐射对人体的危害,应该注意以下几个方面:

(1)避免长时间连续操作电脑,注意中间休息。要保持一个最适当的姿势,眼睛与屏幕的距离应该保持在40~50厘米,使双眼平视或轻度向下注视屏幕。

(2)室内要保持良好的工作环境,如舒适的温度、清洁的空气、合

一口气读懂电子常识

适的阴离子浓度和臭氧浓度等。

(3)电脑室内光线要适宜,不能过亮或过暗,避免光线直接照射在屏幕上而产生干扰光线。工作室要保持通风干爽。

(4)电脑的屏幕上要使用滤色镜,以减轻视疲劳。最好使用玻璃或高质量的塑料滤光器。

(5)安装防护装置,削弱电磁辐射的强度。

(6)注意保持皮肤清洁。电脑屏幕表面存在着大量静电,其集聚的灰尘可转射到脸部和手部皮肤裸露处,时间久了,可能发生斑疹、色素沉着,严重者甚至会引起皮肤病变等。

(7)注意补充营养。电脑操作者在屏幕前工作时间过长,视网膜上的视紫红质会被消耗掉,而视紫红质主要由维生素 A 合成。因此,电脑操作者应多吃些胡萝卜、白菜、豆芽、豆腐、红枣、橘子以及牛奶、鸡蛋、动物肝脏、瘦肉等食物,以补充人体内需要的维生素 A 和蛋白质。茶叶中的茶多酚等活性物质有利于吸收和抵抗放射性物质,因此电脑工作者应该注意多饮些茶。

(8)经常在电脑前工作的人常会觉得眼睛干涩疼痛,所以,在电脑桌上放几支香蕉很有必要,香蕉中的钾可帮助人体排出多余的盐分,让身体达到钾钠平衡,缓解眼睛的不适症状。此外,香蕉中含有大量的 β 胡萝卜素,当人体缺乏这种物质时,眼睛就会变得疼痛、干涩、眼珠无光、失水少神,多吃香蕉不但可以减轻这些症状,还可以在一定程度上缓解眼睛疲劳,避免眼睛过早衰老。

(9)在电脑旁放上几盆仙人掌,可以有效地吸收辐射。

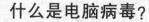

什么是电脑病毒？

电脑病毒(Computer Virus)在《中华人民共和国计算机信息系统安全保护条例》中被明确定义,病毒指的是"编制或者在计算机程序中插入的破坏计算机功能或者破坏数据,影响计算机使用并且能够自我复制的一组计算机指令或者程序代码"。在一般教科书以及通用资料中,电脑病毒被定义为:利用计算机软件与硬件的缺陷,由被感染机内部发出的破坏计算机数据并影响计算机正常工作的一组指令集或程序代码。简而言之,病毒就是人为编写的、具有特定功能的程序。病毒一般会隐藏在电脑系统中,比如自动以"隐藏"属性保存在 Windows 系统文件夹中。病毒一般都具有自我复制和破坏能力,如"欢乐时光"病毒可以在互联网上不断复制并且通过电子邮件传播,著名的 CIH 病毒可以破坏硬盘数据甚至损坏硬盘等等。

电脑病毒都有哪些种类？

常见病毒的种类,可以将其分为以下几种:

(1)系统引导型病毒

该类病毒主要隐藏在硬盘或软盘的引导区,在系统引导过程中会运行该病毒,并且会驻留在内存中,来感染其他的磁盘引导区。早期出现的大麻病毒、小球病毒等就属于此类。

(2)文件型病毒

文件型病毒指的是能够寄生于文件的病毒,文件包括.COM、EXE 可执行文件以及.DOC 等文档,当执行文件的时候,病毒会首先运行。比如早期的 1575/1591 病毒以及最近的 Win32.Xorala(劳拉)病

一口气读懂电子常识

毒都属于文件型病毒。如果集中系统引导型病毒和文件型病毒共有的特点,那么就是所谓的复合型病毒。

(3)宏病毒

宏病毒主要利用 Microsoft Word 提供的宏功能来将病毒驻入到带有宏的.DOC 文档中,该病毒的传输速度极快,对系统和文件都能造成破坏。

(4)"网络蠕虫"病毒

"网络蠕虫"病毒是互联网中危害极大的病毒,该病毒主要借助于计算机对网络进行攻击,传播速度非常快。比如"冲击波"病毒可以利用系统的漏洞导致计算机重启,无法上网等,而且可以不断复制,造成计算机和网络的瘫痪。

(5)"特洛伊木马"病毒

该类病毒主要用于窃取远程计算机上的各种信息,比如各种登录账号、机密文件等等,从而对远程计算机进行控制,这种病毒一般不会自我复制。

电脑中毒有哪些症状?

电脑如果中病毒,往往会出现以下症状:

(1)计算机系统运行速度减慢。

(2)计算机系统经常无故发生死机。

(3)计算机系统中的文件长度无故发生变化。

(4)计算机存储的容量异常减少。

(5)系统引导速度减慢。

(6)丢失文件或文件被损坏。

(7)计算机屏幕上出现异常显示。

(8)计算机系统的蜂鸣器出现异常声响。

(9)磁盘卷标发生变化。

(10)系统不能识别硬盘。

(11)对存储系统异常访问。

(12)键盘输入发生异常。

(13)文件的日期、时间、属性等发生异常变化。

(14)文件无法正确读取、复制或打开。

(15)命令执行出现错误。

(16)出现虚假报警。

(17)无故切换当前盘,比如有些病毒会将当前盘切换到 C 盘等。

(18)时钟倒转。有些病毒会使系统时间倒转,逆向计时。

(19)WINDOWS 操作系统无故频繁出现错误。

(20)系统异常重新启动。

(21)一些外部设备工作异常。

(22)异常要求用户输入密码。

(23)Word 或 Excel 提示执行"宏"。

(24)不应驻留内存的程序驻留内存。

如果您的电脑出现上述症状的一种或几种,就说明您的电脑可能中毒了。

怎样预防电脑病毒?

为了防止电脑病毒,应该注意以下几个方面:

(1)使用从其他电脑上复制资料的软盘或光碟时,应该先用杀毒

软件检查病毒,确保没有电脑病毒后再使用。

(2)坚持使用正版电脑光碟,拒绝使用盗版电脑光碟,如果是盗版光碟,在使用前一定要用杀毒软件检查光碟是否带有病毒。

(3)在进入互联网前,先启动杀毒软件的病毒防护功能,这样不仅可预防感染病毒,而且还可查杀部分电脑黑客(Hacker)程序。

(4)经常更新杀毒软件病毒库,勤用杀毒软件查杀电脑病毒。

(5)定期把重要的资料备份(Backup)在磁盘上,保持它们的完好性。

如何保养硬盘?

为了避免硬盘损坏,应该注意以下事项:

(1)为您的电脑提供不间断电源。

当硬盘开始工作时,一般都处于高速旋转之中,如果硬盘读写过程中突然断电,可能会导致硬盘的数据丢失。因此最好为您的电脑提供不间断的电源,要正常关机,避免突然切断电源。

(2)为您的硬盘降温。

温度对硬盘的寿命有很大的影响。硬盘工作时会产生一定的热量,在使用过程中要及时散热。温度以 20~25℃为宜,建议在空调房中使用,因为硬盘是高精密设备,温度过高或过低都会造成硬盘无法正常运转。

(3)定期整理硬盘碎片。

在硬盘中,频繁地建立、删除文件会产生很多碎片,如果碎片积累过多的话,那么日后在访问某个文件时,硬盘就需要花费很长的时间读取该文件,不但访问效率下降,而且还有可能损坏磁道。所以定

一口气读懂电子常识

155

期整理磁盘碎片,不仅可以提高数据的读取效率,有效地减轻硬盘的负担,而且如果数据丢失,恢复起来也比较方便。

(4)做好病毒防护以及操作系统的升级工作。

①操作系统要经常升级或打"补丁";

②操作系统要安装病毒防火墙,并及时升级病毒库;

③避免浏览一些未经过安全认证的网站;

④局域网内部与其他计算机进行数据交换时要注意作好防毒措施;

⑤尽量使用正版软件,因为部分破解或盗版软件内存在着一些恶意代码。

(5)拆卸安装硬盘时需要小心。

①要轻拿轻放,避免震动和受到外力的撞击;

②不能用手随便地触摸硬盘背面的电路板,这是因为在气候干燥时,人的手上可能存在静电,在这种情况下用手触摸硬盘背面的电路板,静电就有可能会伤害到硬盘上的电子元件,导致其无法正常运行,因此,我们在用手拿硬盘时应该抓住硬盘两侧,并避免与其背面的电路板直接接触。有的硬盘会在其外部包上一层护膜,这种护膜除具备防震功能外,更把电路板保护于其中,是防止静电的一层防护衣;

③拆卸安装硬盘需要注意别把密封签弄破,否则会导致外部灰尘进入硬盘内部,造成磁头损坏。

如何保养光盘?

保养光盘应注意以下几个方面:

(1)光盘易受天气温度的影响,表面时常会出现水气凝结,使用前应取干净柔软的棉布将光盘表面轻轻擦拭。

(2)放置光盘时应尽量避免落上灰尘并远离磁场,取用时以手捏光盘的边缘和中心为宜。

(3)光盘表面如发现污渍,可用干净棉布蘸上专用清洁剂由光盘的中心向外边缘轻揉,切忌使用含汽油、酒精等化学成分的溶剂,以免腐蚀光盘内部的精度。

(4)严禁利器接触光盘,以免划伤。如果光盘被划伤,会造成激光束与光盘信号输出不协调及信号失落现象,如果有轻微划痕,可用专用工具打磨恢复原样。

(5)光盘在存放时由于厚度较薄,强度较低,因此光盘在叠放时以少于 10 张为宜,如果超出此数量则容易使光盘变形,影响播放质量。光盘如果出现变形,可将其放在纸袋内,上下各夹玻璃板,在玻璃板上方压 5 千克的重物,36 小时后可恢复光盘的平整度。

(6)对于需要长期保存的重要光盘,应该选择适宜的温度。温度过高或过低都会直接影响光盘的寿命,保存光盘的最佳温度以 20℃左右为宜。

如何保养电脑 CPU?

为了让电脑更好地工作,首先应该保养好电脑的 CPU,因为 CPU 是一台电脑的心脏。保养 CPU 应该注意以下几点:

(1)及时散热。

CPU 的工作伴随着热量的产生,所以散热必须及时。CPU 的正常工作温度为 35~65℃,具体要根据不同的 CPU 和不同的主频而定。散

一口气读懂电子常识

157

热风扇的质量一定要好,并且带有测速功能,这样才能与主板监控功能配合监测风扇的工作情况。散热片的底层越厚越好,这样有利于吸热,从而易于风扇主动散热。除此之外,还要保障机箱内外的空气流通顺畅。

(2)减压和防震。

CPU 死于散热风扇扣具压力的惨剧时有发生,主要表现为 CPU 的 Die(即内核)被压毁。因此必须注意在安装散热风扇时用力要均匀,扣具的压力也要适中,可以根据实际需要仔细调整扣具。另外现在风扇的转速可高达 6000 转/分,这就出现了一个共振的问题,长期如此,会出现 CPU 的 Die 被磨坏、CPU 与 CPU 插座接触不良等不良后果,解决的办法就是选择正规厂家出产的散热风扇,转速适当,扣具安装必须正确。

(3)超频要适度。

现在主流的 CPU 频率可达 1 吉赫兹,所以超频的意义已不大。更多考虑的应该是延长 CPU 的寿命。如果确实有需要超频,可以考虑降电压超频。

(4)及时除灰尘、正确涂硅脂。

要及时清理灰尘,不能让灰尘积聚在 CPU 的表面,以免造成短路烧毁 CPU。硅脂在使用时要涂于 CPU 表面内核上,薄薄一层就可以,过量就有可能渗到 CPU 表面和插槽里,造成毁坏。硅脂在使用一段时间后会干燥,这时就需要除净后再重新涂上硅脂。改良的硅脂更要小心使用,因为改良的硅脂通常是加入碳粉(如铅笔笔芯粉末)和金属粉末的,这时的硅脂有了导电能力,如果渗到 CPU 表面的电容上

一口气读懂电子常识

或插槽里,后果就会不堪设想。

(5)防静电。

平时在摆弄 CPU 时要注意身体上的静电,特别是在秋冬季节,事先洗洗手或双手接触一会儿金属水管之类的导体可以有效地消除静电,以确保安全。

如何保养电脑显示器?

显示器是电脑的"面子",它的使用寿命是电脑所有部件中最长的,而且它的性能也是最稳定的硬件之一。但是我们不能因为它生命力强,就在购买后就忽略对它的保养。如果我们在使用过程中不注意妥善保养,显示器的可靠性和使用寿命同样会大大缩短。据不完全统计,显示器故障有 50%是来自于外界环境,操作不当和管理不善导致的故障大约占到 30%, 真正由于质量差或自然损坏的故障仅仅占20%。由此可见, 环境条件和人为因素是造成显示器故障的主要因素。那么,我们应该如何正确地保养显示器,从而延长它的使用寿命呢?

(1)注意防湿。

潮湿是显示器的大敌。由于显示器内部存在高压,因此当室内湿度≥80%时,显示器就可能产生漏电的危险。只有湿度保持在 30%~80%之间,显示器才能正常工作。过湿的环境不仅会使显示器内部的电源变压器和其他线圈受潮产生漏电,甚至有可能导致其霉断连线。另外还可能使机内元器件生锈、腐蚀,严重时会使电路板发生短路。因此,显示器必须注意防潮,特别是在梅雨季节,即使不使用显示器,也要定期接通电脑电源,让电脑运行一段时间,以便加热元器件驱散

潮气。当然,湿度也不能过低,如果室内湿度≤30%,会使显示器机械摩擦部分产生静电干扰,使内部元器件被静电破坏的可能性增大,从而影响显示器的正常工作。

(2)要避免强光照射。

显示器的机身受阳光或强光照射,时间长了,容易老化变黄,而且显像管荧光粉在强烈光照下也会老化,降低发光效率。发光效率降低以后,我们就不得不把显示器的亮度、对比度进一步调高,这样会进一步加速显象管灯丝和荧光粉的老化,最终的结果是显示器的寿命大大缩短。为了避免造成这样的后果,我们必须把显示器摆放在日光照射较弱或者没有光照的地方;或者在光线必经的地方,挂块深色的布以减轻光照强度。

(3)防止灰尘进入。

灰尘对显示器的损害也是很大的。这是因为显示器内部的高压高达 10 千伏~30 千伏,这么高的电压形成的电场很容易吸入空气中的灰尘,被吸入的灰尘如果长期积累在显示器的内部电路、元器件上,会影响电子元器件的热量散发,使得电路板等元器件的温度上升,产生漏电进而烧坏元件。另外灰尘还可能吸收水分,从而腐蚀显示器内部的电子线路。为此,我们首先应把显示器放置在干净清洁的环境中。但灰尘是无孔不入的,所以在保持环境的清洁以外,我们还应该为显示器购买或制作一个专用的防尘罩,每次用完后应及时用防尘罩把显示器保护起来。

平时在清除显示器屏幕上的灰尘时,切记应关闭显示器的电源,还必须拔下电源线和信号电缆线,然后用柔软的干布小心地从屏幕

中心向外擦拭,千万不能用酒精之类的化学溶液擦拭,更不能用粗糙的布、纸之类的物品来擦拭,也不要将液体直接喷到屏幕上,以免水气侵入显示器内部。

由于显示器内部有高电压（断电后的高压包中仍可能有余电），如想清除其内部的灰尘,必须请专业人员操作,切忌私自打开显示器后盖,以免造成严重后果。

(4)远离磁场干扰。

显象管中的荫罩板很容易被磁化,然而在家庭中,电视机、电冰箱、电风扇等耗电量大的家用电器的周围都存在着磁性物质。显示器长期暴露在磁场中就可能被磁化或遭到损坏,因此如果我们发现显示器局部变色,应该马上确定显示器附近是否有磁性物质,并且迅速排除,否则可能会给显示器造成更大的永久性损害。现在大多数显示器都具备自动或者手动消磁功能,可以修复磁化的显示器,如果您的显示器没有消磁功能,那么就需要请专业技术人员定期为您的显示器消磁了。

(5)保持合适的温度。

保证显示器周围空气畅通、散热良好非常重要。显像管是显示器的一大热源,如果在过高的环境温度下,它的工作性能和使用寿命会大打折扣,某些虚焊的焊点可能由于焊锡熔化脱落而造成开路,导致显示器工作不稳定,同时元器件也会加速老化,最终轻则导致显示器"罢工",重则可能击穿或烧毁其他元器件。因此,我们一定要保证显示器周围有足够的通风空间,能让它及时散热。在炎热的夏季,如果条件允许,最好把显示器放置在有空调的房间里,或者用电风扇吹。

一口气读懂电子常识

161

(6)其他保养措施。

①在移动显示器时,不要忘记将电源线和信号电缆线拔掉,在插拔电源线和信号电缆之前,先要关机,以免损坏接口电路的元器件。

②在调节显示器面板上的功能旋钮时,要缓慢稳妥,不能猛转硬转,以免损坏旋钮。

③显示器如果线缆拉得过长,可能使显示器的亮度减小,而且射线不能聚焦。

④如果屏幕图像晃动,最可能的原因是外界磁场的干扰,比如变压器产生的磁场等。如果行频过低,电源电压过高,则可能导致屏幕突然无显示,这是因为显示器会发生高压保护。当发生高压保护后,必须立即关机,等过几分钟电压稳定后再开机,才能重新工作。

⑤虽然显示器的工作电压适应范围比较大,但也可能由于受到瞬时高压冲击而造成元件损坏,因此还是应该使用带保险丝的插座。如果条件允许,最好配一个UPS(不间断电源)。

如何保养液晶显示器?

根据液晶显示器的工作原理和实际操作经验,建议大家在使用过程中注意以下几点:

(1)保持干燥的工作环境。

根据液晶显示器的工作原理我们可以知道,它对空气湿度的要求比较苛刻,因此必须保证它能够在一个相对干燥的环境中工作。尤其是不能将潮气带入显示器的内部,因此这对于一些工作环境比较潮湿的用户(比如说南方空气比较潮湿的地区)来说,显得尤为重要。对于这样的用户,最好准备一些干燥剂,保持显示器周围环境的干

一口气读懂电子常识

燥;或者准备一块干净的软布,随时保持显示器的干燥。如果水分已经进入液晶显示器内部的话,则需要将显示器放置到干燥的地方,让水分慢慢地蒸发掉,切忌贸然地打开电源,否则显示器的液晶电极会被腐蚀掉,从而损坏显示器。

(2)注意自己的操作习惯。

不良的工作习惯也会损害液晶显示器。比如,有些人喜欢一边工作,一边喝着茶、咖啡或者牛奶,这很容易危及娇贵的液晶显示器,因为你很可能不小心将茶水等泼到显示器上。因此说,良好的工作习惯不但影响自己的身心健康,而且和显示器的"健康"也密切相关。

(3)避免挥发性化学物品的侵害。

无论是哪种显示器,对液体都要退避三舍,更何况是化学药剂呢?比如说大家日常生活中经常使用的发胶、夏天频繁使用的灭蚊剂等都会对液晶分子乃至整个显示器造成不同程度的损伤,导致整个显示器的寿命缩短。

(4)定时清洁显示屏。

由于灰尘等不洁物质,液晶显示器的显示屏上经常会出现一些难看的污迹,因此要定时清洁显示屏。如果发现显示屏上面有污迹,正确的清理方法是拿沾有少量玻璃清洁剂的软布小心地把污迹擦去,擦拭时不要用力过大,否则显示器屏幕会因此而短路损坏。频繁擦拭也不好,那样同样会对显示屏造成一些不良影响。

(5)使用间歇尽量使用休眠功能。

和 CRT 显示器一样,长时间的工作,尤其是长时间显示一个固定的画面,有可能使液晶显示器内部烧坏或者老化,而且这种损害是

一口气读懂电子常识

不可修复的。所以在使用的间隙,可以打开能源管理程序使显示器自动休眠;或者设置屏幕保护程序,这样能够延长它的使用寿命。

(6)出现问题不要擅自修理。

液晶显示器是一种比较娇贵的产品,如果出现问题,最好拿到电脑公司或者专业维修站进行检修。

(7)注意安全保养。

虽然液晶显示器的功耗比较小(一台 15.1 英寸的 LCD 功耗只是一台 17 英寸 CRT 显示器的 1/3 左右),但液晶显示器后面的换流器的电压还是很高的。在保养的过程中,特别要注意安全问题,不要在带电情况下打开显示器的后盖,即使在断电之后,留存的瞬间电压也是很高的,因此在保养时,注意不要乱摸乱动,以免造成不必要的事故。

(8)关机后注意做好善后工作。

关机以后要让它散热一段时间,然后用专用保护罩遮盖起来,不能让它长久地暴露在阳光和空气灰尘中。

一口气读懂电子常识

互联网基础篇

计算机网络是什么？

我们讲的计算机网络,其实就是利用通讯设备和线路将地理位置不同的、功能独立的多个计算机系统连接起来,以功能完善的网络软件(即网络通信协议、信息交换方式及网络操作系统等)实现网络中资源共享和信息传递的系统。网络的功能最主要的表现在以下两个方面:一是实现资源共享(包括硬件资源和软件资源的共享);二是在用户之间交换信息。计算机网络不仅使分散在网络各处的计算机能共享网上的所有资源,而且能为用户提供强有力的通信手段和尽可能完善的服务,从而为用户提供了极大的便利。

计算机网络由哪几个部分组成？

计算机网络通常由以下三部分组成:资源子网、通信子网和通信协议。所谓通信子网,就是计算机网络中负责数据通信的部分;资源子网是计算机网络中面向用户的部分,负责全网络面向应用的数据处理工作;而通信双方必须共同遵守的规则和约定就称为通信协议,它的存在与否是计算机网络与一般计算机互连系统的根本区别。

计算机网络的种类怎么划分？

计算机网络最常见的划分方法是:按计算机网络覆盖的地理范围的大小,一般分为广域网(WAN)和局域网(LAN)[有的划分会增加一个城域网 (MAN)]。所谓广域网就是地理上覆盖范围较广的网络连接形式,比如著名的 Internet 网、Chinanet 网就是典型的广域网。局域网的范围通常不超过 10 公里,而且经常限于一个单一的建筑物或一组相距很近的建筑群内。Novell 网是目前最流行的计算机局域网。

计算机网络的体系结构是什么？

网络的体系结构是指通信系统的整体设计，它的目的是为网络硬件、软件、协议、存取控制和拓扑提供一个标准。现在广泛采用的是开放系统互连 OSI(Open System Interconnection)的参考模型，它是用物理层、数据链路层、网络层、传送层、对话层、表示层和应用层七个层次描述网络的结构。网络体系结构的优劣将直接影响总线、接口和网络的性能，而网络体系结构的关键要素恰恰就是协议和拓扑。目前最常见的网络体系结构有 FDDI、以太网、令牌环网和快速以太网等等。

什么是网络拓扑结构？

计算机网络的拓扑结构源自于拓扑学。把网络中的计算机和通信设备抽象为一个点，把传输介质抽象为一条线，由点和线组成的几何图形就是计算机网络的拓扑结构。网络的拓扑结构反映出网中各个实体之间的结构关系，是建构计算机网络的第一步，是实现各种网络协议的基础，它对网络的性能、系统的可靠性以及通信费用都有极大的影响。

网络的拓扑结构主要有以下几种：

(1)总线拓扑结构

总线拓扑结构是将网络中的所有设备通过相应的硬件接口直接连接到公共总线上，结点之间按广播方式通信，一个结点发出的信息，总线上的其他结点均可"收听"到。其优点是：结构简单、布线容易、可靠性较高，易于扩充，是局域网常采用的拓扑结构。其缺点是：所有的数据都需经过总线传送，总线成为整个网络的瓶颈；出现故障诊断较为困难。最著名的总线拓扑结构是以太网(Ethernet)。

(2)星型拓扑结构

每个结点都由一条单独的通信线路与中心结点连结。其优点是：结构简单、容易实现、便于管理,连接点的故障容易监测和排除。其缺点是：中心结点是全网络的可靠瓶颈,中心结点出现故障会导致网络的瘫痪。

(3)环形拓扑结构

各结点通过通信线路组成闭合回路,环中数据只能单向传输。其优点是：结构简单、容易实现,适合使用光纤,传输距离远,传输延迟确定。其缺点是：环网中的每个结点均成为网络可靠性的瓶颈,任意结点出现故障都会造成网络瘫痪,另外故障诊断也较困难。最著名的环形拓扑结构网络是令牌环网(Token Ring)

(4)树型拓扑结构

树型拓扑结构是一种层次结构,结点按层次连结,信息交换主要在上下结点之间进行, 相邻结点或同层结点之间一般不进行数据交换。其优点是：连结简单、维护方便,适用于汇集信息的应用要求。其缺点是：资源共享能力较低、可靠性不高,任何一个工作站或链路的故障都会影响整个网络的运行。

(5)网状拓扑结构

网状拓扑结构又称为无规则结构,结点之间的连结是任意的、没有什么规律。其优点是：系统可靠性高、容易扩展;其缺点是：结构复杂,每一结点都与多点进行连结,因此必须采用路由算法和流量控制方法。目前广域网基本上采用网状拓扑结构。

计算机网络的协议是什么?

网络协议是对数据格式和计算机之间交换数据时必须遵守的规

则的正式描述。依据网络的不同，通常使用 Ethernet（以太网）、NetBEUI、IPX/SPX 以及 TCP/IP 协议。Ethernet 是总线型协议中最常见的网络低层协议，安装容易而且造价低廉；而 NetBEUI 是专为小型局域网设计的网络协议。对那些无需跨经路由器与大型主机通信的小型局域网，安装 NetBEUI 协议最为合适，但如果需要路由到另外的局域网，就必须安装 IPX/SPX 或 TCP/IP 协议。前者几乎成了 Novell 网的代名词，而后者就被应用最广的 Internet 所采用。TCP/IP(传输控制协议/网间协议)是开放系统互连协议中最早的协议之一，也是目前最完全和应用最广泛的协议，能实现各种不同计算机平台之间的连接、交流和通信。

计算机网络建设中涉及哪些硬件？

计算机网络的硬件系统通常包括五部分：文件服务器、工作站(包括终端)、传输介质、网络连接硬件和外部设备。文件服务器一般要求是配备了高性能 CPU 系统的电脑，它是网络的核心。除了管理整个网络上的事务之外，它还必须提供各种资源和服务。工作站是一种智能型终端，它从文件服务器取出程序和数据后，能在本站进行处理，一般有有盘和无盘之别。传输介质是通信网络中发送方和接受方之间的物理通路，在局域网中就是用来连接服务器和工作站的电缆线。目前常用的网络传输介质有双绞线(多用于局域网)、同轴电缆和光缆等。常用的网络连接硬件有网络接口卡(NIC)、集线器(HUB)、中继器(Repeater)以及调制解调器(Modem)等。而打印机、扫描仪、绘图仪以及其他任何可为工作站共享的设备都可以称为外部设备。

计算机网络一般都装哪些操作系统？

网络操作系统是整个网络的灵魂,同时也是分布式处理系统的重要体现,它决定了网络的功能并由此决定了不同网络的应用领域。目前比较流行的网络操作系统主要有 Unix、NetWare、Windows NT 和新兴流行的 Linux。Unix 历史悠久,发展到今天已经相当成熟,以安全可靠和应用广泛而著称;相比之下,NetWare 以文件服务及打印管理闻名,而且其目录服务是被业界公认的目录管理杰作;Windows NT 是能支持多种硬件平台的真正的 32 位操作系统, 它保持了深受欢迎的 Windows 用户界面,目前被越来越多的网络所应用;最新的 Linux 凭借其先进的设计思想和自由软件的身份,正朝着优秀网络操作系统的行列迈进。

什么是因特网？

国际计算机互联网也叫因特网(Internet),它的前身是美国国防计算机互联网(ARPA),现在已经发展成为一个全球性的计算机互联网络。因特网是世界上信息资源最丰富的计算机网络,被人们公认为是未来国际信息高速公路的雏形。

因特网上具有上万个技术资料数据库, 其信息媒体包括数据、图象、文字、声音等各种形式;信息属性有数据、交换软件、图书、档案等各种门类;信息内容涉及通信、计算机、农业、生物、天文、医学、政治、法律、军事、音乐等各个领域。

我国目前的经营性国际 Internet 单位一共有四个, 即:中国公用计算机互联网(China-net,由中国电信经营)、中国金桥信息网(GB-net,由吉通公司经营)、中国联通计算机互联网(UNI-net,由联通公司经营)、

中国网通计算机互联网(CNC-net,由中国网络通信有限公司经营)。除此之外,还有中国教育和科研计算机互联网(CER-net,由教育部管理)、中国科技网络(CST-net,由中科院管理)等专用互联网。上述骨干网均可通过国家关口局与国际 Internet 相连通。

什么是局域网和广域网?

计算机网络将分布在不同地方的计算机连接起来,通过计算机网络,人们可以高速、及时地传递信息,共享信息资源和计算机资源。计算机网络按其作用的地理范围,可分为局域网和广域网两种。

局域网是在一个较小的区域内的网络,通常是指一栋楼内或一个单位内。

广域网又称远程网,它的作用范围通常为几十到几千公里,甚至整个世界。比如因特网已经把 180 多个国家和地区的几千万台计算机连接起来,形成了一个遍布全球的广域网。

什么是接入网?

接入网指的是骨干网络到用户终端之间的所有设备。其长度一般为几百米到几公里,因而被形象地称作"最后一公里"。由于骨干网一般采用光纤结构,传输速度快,因此,接入网便成为了整个网络系统的瓶颈。接入网的接入方式包括铜线(普通电话线)接入、光纤接入、光纤同轴电缆(有线电视电缆)混合接入、无线接入和以太网接入等几种方式。目前,世界各通信发达国家都在投巨资使接入网数字化、光纤化。我国将有望在 2015 年实现全部用户接入光纤化。

什么是宽带网?

我们平时常说的宽带网,一般是指宽带互联网,目前并无一个权

威的标准定义。通常把骨干网传输速率在 2.5Gbps 以上、接入网能够达到数百 Kbps 至 1Mbps 的网络定义为宽带网(bps：每秒传输数据的位数)。

宽带互联网分为宽带骨干网和接入网两部分。骨干网又被称为核心网络，它由所有用户共享，负责传输骨干数据流。骨干网通常是基于光纤的，能够实现大范围的数据流传送。这些网络通常采用高速传输网络(如同步数字序列：SDH)传输数据，高速分组交换设备(主要包括异步转移模式：ATM 和千兆以太网技术)提供网络路由。

什么是网络路由器？

路由器英文名为 Router，是连接因特网中各局域网、广域网的设备，它会根据信道的情况自动选择和设定路由，以最佳路径，按前后顺序发送信号。路由器是互联网络的枢纽。目前路由器已经广泛应用于各个行业。

所谓路由就是指通过相互连接的网络把信息从源地点移动到目标地点的活动。一般来说，在路由过程中，信息至少会经过一个或数个中间节点。通常人们会把路由和交换进行对比，这主要是因为在普通用户看来两者所实现的功能是完全一样的。路由和交换之间的主要区别就是交换发生在 OSI 参考模型的第二层(数据链路层)，而路由发生在第三层，即网络层。这一区别决定了路由和交换在移动信息的过程中需要使用不同的控制信息，所以两者实现各自功能的方式是不一样的。

什么是万维网？

万维网的英文名称是 World Wide Web，又称环球网。万维网的历

史很短,1989 年,CERN(欧洲粒子物理实验室)的研究人员为了研究的需要,希望能开发出一种共享资源的远程访问系统,这种系统能够提供统一的接口来访问各种不同类型的信息,包括文字、图像、音频、视频等信息。1990 年,研究人员完成了最早期的浏览器产品,1991 年,研究人员开始在内部发行 WWW,这就是万维网的开始。目前,大多数知名公司都在 Internet 上建立了自己的万维网站。

什么是内联网?

内联网(Intranet)也称作企业内联网,是在企业和内部组织机构内处理和传输信息的网络,是在企业办公自动化系统和管理信息系统的基础上,采用 Internet 协议和标准,构筑和改建成的内部 Internet。

Intranet 与 Internet 相比,Internet 是面向全球的网络, 而 Intranet 则是 Internet 技术在企业机构内部的实现。Intranet 可以为企业提供一种能充分利用通讯线路、经济而有效地建立企业内联网的方案,应用 Intranet,企业可以有效的进行财务管理、供应链管理、进销存管理、客户关系管理等等。

过去, 只有少数大公司才拥有自己的企业专用网。现在借助于 Internet 技术,各个中小型企业都有机会建立起适合自己规模的"内联网"。Intranet 的特点是只为一个企业内部专有,外部用户不能通过 Internet 对它进行访问,因此安全系数极高。

什么是浏览器?

浏览器指的是可以显示网页服务器或者文件系统的 HTML 文件内容,并让用户与这些文件交互的一种软件。网页浏览器主要通过 HTTP 协议与网页服务器交互并获取网页, 这些网页由 URL 指定,文

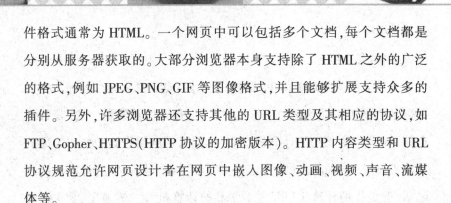

件格式通常为 HTML。一个网页中可以包括多个文档，每个文档都是分别从服务器获取的。大部分浏览器本身支持除了 HTML 之外的广泛的格式，例如 JPEG、PNG、GIF 等图像格式，并且能够扩展支持众多的插件。另外，许多浏览器还支持其他的 URL 类型及其相应的协议，如 FTP、Gopher、HTTPS（HTTP 协议的加密版本）。HTTP 内容类型和 URL 协议规范允许网页设计者在网页中嵌入图像、动画、视频、声音、流媒体等。

个人电脑上常见的网页浏览器包括微软的 Internet Explorer、Mozilla 的 Firefox、Apple 的 Safari、Opera、HotBrowser、Google 的 Chrome。

Tim Berners-Lee 是第一个使用超文本来分享资讯的人。他在 1990 年发明了首个网页浏览器 World Wide Web。在 1991 年 3 月，他把这项发明介绍给了他在 CERN 工作的朋友。从那时起，浏览器的发展就和网络的发展联系在一起了。

什么是主页？

主页是一个网站中最重要的网页，也是访问最频繁的网页。它是一个网站的标志，体现了整个网站的制作风格和特性，主页上通常会有整个网站的导航目录，所以主页也是一个网站的起点站。网站的更新内容一般都会在主页上有突出显示。如果把 Web 站点比喻成一本书的话，那么主页就是这本书的前言和目录。它的作用就是引导读者进行阅读、查询，进而访问所需要的信息。

目前有哪些流行的上网方式？

Internet 可以为我们提供多种服务，那么目前我们可以通过哪些

途径上网呢？

(1)拨号上网

拨号上网的原理很简单,跟我们平时打电话是大同小异的。我们可以举个例子来描述它的工作过程:"甲"是你的计算机,"乙"是数据通信局(或其他 ISP)的计算机,"乙"计算机的电话号码是"163",你的计算机通过 Modem 这个专用电话打"163"这个号码,"乙"计算机提起电话,于是你的计算机"甲"就和 ISP 的计算机"乙"连通了,而 ISP 的这台计算机又是连接在 Internet 上的, 于是你的这台计算机就连接在 Internet 上了。

(2)DDN

DDN 是 Digital Data Network 的缩写,意思是数据数字网,是半永久性连接电路的数据传输网。一般的做法是在电信部门租用一根数字线路,线路的一端连接到 ISP 的机房,另一端连接在公司的基带 Modem 和路由器上,路由器的另一端连接到 ISP 的机房,另一端连在公司的局域网,于是整个公司的计算机都可以通过公司的局域网,再通过局域网所连的路由器与 Internet 连接,达到上网的目的。DDN 上网的优点是速度快、线路较稳定、不易断线,所以很适合于公司、企业使用。

(3)ISDN

ISDN 是 Integrated Services Digital Network 的缩写,意思是综合业务数字网,是一个数字电话网络国际标准,是一种典型的电路交换网络系统。它通过普通的铜缆以更高的速率和质量来传输语音和数据。和普通电话线路上网相比,ISDN 的优点是速度快而稳定、费用与普通上网相同。

(4)手机上网

手机上网是近年来开通的一种上网方式,是指手机通过 WAP 协议连上互联网的方式。WAP 是无线应用协议的总称,仍然是以超文本传输协议和超文本文件架构为基础的。

(5)xDSL 上网

xDSL 上网方式是最近兴起的一项技术,DSL 指的是数字用户线路,由于 DSL 有好几种类型,所以前面加"x"代表。

(6)宽带网

宽带网是目前市场上提得最响、用户期望最高的一种上网方式,可以理解为局域网上网方式的变种。目前省一级的城市已经开通了不少用户,重点是在小区推广。

随着技术的进步,上网的方式将会越来越多样化。而多样化的上网对互联网的普及与发展也具有极其重要的意义。

什么是互联网应用服务提供商?

互联网应用服务提供商的英文名称是 Appliance Service Provider,简称 ASP,指的是面向具体应用,为各行各业提供网络化应用服务的经营者。它帮助各类用户使用 Internet 和其他信息技术,解决各自业务过程的电子化和信息化问题。电子银行、网上购物、网上旅行社、远程教学、政府上网等各类电子商务和电子业务均属于这个层次。ASP 与推进国民经济和社会服务信息化有着直接的关系,因此具有广阔的发展前景。

什么是互联网服务提供商/互联网信息内容提供商?

互联网服务提供商/互联网信息内容提供商的英文名称分别为

Internet Service Provider/Internet Content Provider，简称 ISP/ICP，指的是面向公众提供下列信息服务的经营者：一是接入服务，即帮助用户接入 Internet；二是导航服务，即帮助用户在 Internet 上找到所需要的信息；三是信息服务，即建立数据服务系统，收集、加工、存储信息，定期维护更新，并通过网络向用户提供信息内容服务。其中不提供接入服务，只经营后两项业务者叫作 Internet 信息内容提供商。

什么是因特网的"门牌号"？

走亲访友都需要知道对方的门牌号码，否则，就无法找到家庭住址。为了在网络环境下实现计算机之间的通信，网络中的任何一台计算机都必须有一个地址，就好比网络上的门牌号一样，这个地址被称为 URL，我们以"http://WWW.hayes.com.cn/home.html"为例，其中 URL 的第一部分，即冒号之前部分，用于指定访问方法即协议；双斜线之后单斜线之前为第二部分，即向有关的管理机构申请的域名；单斜线之后为第三部分，表示该服务器上的文件目录。

因特网有哪些基本功能？

因特网的基本功能主要有以下几点：

（1）电子信箱（E-Mail）

通过电子信箱，用户可以方便、快速地交换电子邮件、查询信息、加入有关的公告、讨论和辩论组。可以在数秒钟之内将信息送达世界上任何一个与因特网相连的用户。

（2）远程登录服务（Telnet）

远程登录指的是在网络通信协议 Telnet 的支持下，用户的计算机通过因特网暂时成为远端计算机终端的过程，以获得各种信息服务。

（3）新闻服务（USENET）

新闻服务是一个世界范围的电子公告板，用于发布公告、新闻和各种文章供大家使用、讨论和发表评论。

（4）文件传送服务（FTP）

电子信箱适合于传送短的文件，而 FTP 的特点是速度快、信息容量大，传递的数据可以是任何类型的多媒体文件。

（5）信息查询服务

因特网是一个巨大的信息库，其信息分布在世界各地的主机上，因此有许多信息查询工具帮助用户查询信息，如 WWW 等。

还有很多其他功能如：商业应用、虚拟时空、在线游戏、网上电话等等。

互联网的起源是什么？

目前遍及全球的国际互联网，最初的来源是美国国防部的一个军事网络。当初设计这个网络时，并没有想到要把网络拉到全世界，只是单纯地希望如果有一天核战争爆发，能有一种网络在受到毁灭性攻击之后，仍然可以通行全世界，具有迅速恢复畅通的能力。

INTERNET 的前身是 ARPANET，是由美国国防部高级研究项目机构（ARPA，Advanced Rearch Projects Agency）研究开发的。1975 年，ARPANET 由实验室网络改制成操作性网络，整个网络转交给国防部通信署管理，同时 ARPA 更名为 DARPA（Defence ARPA）。70 年代，美国国防部开始进行 DARPA 计划，开始架设高速并且有弹性的网络，重点是当美、前苏两地间的网络如果断线时，资料仍可经由别的国家绕道，到达目的地。这项计划的成果就是 ARPANET。随着冷战的结束，

一口气读懂电子常识

ARPANET 开始慢慢开放给民间使用。但是美国基于军事安全上的考虑,另外成立了国家科学基金会(National Science Foundation),建立 NSFNET,专门负责全球性民间的网络交流。这就是美国的 INTERNET。

从英文上来说,Internet 与 INTERNET 是两种不同的意思。INTERNET 指的是美国的 NSFNET,也就是 Internet 国际互联网限于在美国的这个部分;而 Internet 则泛指"全世界"各国家利用 TCP/IP 通讯协定所建立的各种网络。范围包括全世界,而不是单指某一个区域。目前很多人使用的拨号上网方式,就是 Internet 国际互联网。

什么是网络计算?

网格计算是利用网络中一些闲置的处理能力来解决复杂问题的计算模式,适于大型科学计算和项目研究。随着对处理能力越来越高的需求,网格计算开始自然而然地挤占主流计算的领地,最有力的证据就是工业巨头 IBM 和 Sun 的支持。

网格计算是利用互联网技术,把分散在不同地理位置的计算机组成一台虚拟超级计算机,每一台参与的计算机就是其中的一个"节点",所有的计算机就组成了一张节点网——网格。这种应用具有计算能力强以及费用低两大优势。在实质上来说"网格计算"是一种分布式应用,网格中的每一台计算机只是完成工作的一个部分,这样的计算方式就好像是"蚂蚁搬山",虽然单台计算机的运算能力有限,但成千上万台计算机组合起来的计算能力就可以和超级计算机不相上下了。

什么是网络黑洞?

美国网络专家的一项最新研究结果表明,互联网世界充满了"黑

一口气读懂电子常识

洞"。这些"黑洞"可以吞噬信息,导致网络交通减缓。

据《科学现场》网站报道,华盛顿大学计算机科学研究人员伊森·卡茨·巴西特和指导老师设计了一套程序,追踪这些发生在信息交换过程中的奇怪断层。几乎每个网络使用者都体验过卡茨-巴西特所说的网络"黑洞",网页毫无原因地无法打开,电子邮件莫名其妙地丢失,都可能是网络"黑洞"所致。

研究人员解释说,所谓"黑洞"并不是指网络拥堵或坍塌,而是指部分用户可以正常连接的同时,另一些上网条件一样的用户却难以连接的情况。

研究人员目前仍在跟踪网络"黑洞",同时绘制这些"黑洞"的具体位置地图。他们希望这些信息能帮助互联网服务商找出发生问题的线路。

什么是网络黑客?

"黑客"是英文"hacker"的音译词,源于英语动词 hack,意为"劈,砍",引申为"干了一件非常漂亮的工作"。在早期麻省理工学院的校园俚语中,"黑客"有"恶作剧"之意,尤其指手法巧妙、技术高明的恶作剧。

在日本《新黑客词典》中,"黑客"被定义为"喜欢探索软件程序奥秘,并从中增长了其个人才干的人。他们不像绝大多数电脑使用者那样,只规规矩矩地了解别人指定了解的狭小部分知识"。从这些定义中,我们还看不出"黑客"有什么贬义的意味。他们通常具有硬件和软件的高级知识,并有能力通过创新的方法剖析系统。"黑客"能使更多的网络趋于完善和安全,他们以保护网络为目的,而以不正当侵入为

手段找出网络漏洞。

另一种入侵者是那些利用网络漏洞破坏网络的人。他们往往做一些重复的工作(如用暴力法破解口令),他们也具备广泛的电脑知识,但与"黑客"不同的是他们以破坏为目的。这些群体称为"骇客"。

一般认为,"黑客"起源于20世纪50年代麻省理工学院的实验室中,他们精力充沛,热衷于解决难题。六七十年代,"黑客"一词极富褒义,用于指代那些独立思考、奉公守法的计算机迷,他们智力超群,对电脑全身心投入,为电脑技术的发展做出了巨大贡献。正是这些"黑客"倡导了一场个人计算机革命,倡导了现行的计算机开放式体系结构,打破了以往计算机技术只掌握在少数人手里的局面,开创了个人计算机的先河,提出了"计算机为人民所用"的观点。现在"黑客"使用的侵入计算机系统的基本技巧,例如破解口令(password cracking),开天窗(trapdoor),走后门(backdoor),安放特洛伊木马(Trojan horse)等,都是在这一时期发明的。

到了八九十年代,计算机越来越普及,也越来越重要,大型数据库也越来越多,同时,信息越来越集中在少数人的手里。这样一场新时期的"圈地运动"引起了"黑客"们的极大反感。黑客认为,信息应共享而不应被少数人所垄断,于是将注意力转移到涉及各种机密的信息数据库上。而这时电脑化空间已私有化,成为个人拥有的财产,社会不能再对"黑客"行为放任不管,必须采取法律等手段来进行控制。所以"黑客"活动受到了空前的打击。

但是,政府和公司的管理者现在越来越多地要求"黑客"传授给他们有关电脑安全的知识。许多公司和政府机构已经邀请"黑客"为他们检验系统的安全性,甚至还请他们设计新的保安规程。由此可见,"黑

客"对电脑防护技术的发展有着极其重要的意义。

什么是网络蜘蛛?

网络蜘蛛的英文名称是 Web Spider。如果把互联网比喻成一个蜘蛛网,那么 Spider 就是在网上爬来爬去的蜘蛛。网络蜘蛛通过网页的链接地址来寻找网页,从网站某一个页面(通常是首页)开始,读取网页的内容,找到在网页中的其他链接地址,然后通过这些链接地址寻找下一个网页,这样一直循环下去,直到把这个网站所有的网页都抓取完为止。如果把整个互联网当成一个网站,那么网络蜘蛛就可以用这个原理把互联网上所有的网页都抓取下来。

对于搜索引擎来说,要抓取互联网上所有的网页是不现实的,从目前公布的数据来看,容量最大的搜索引擎也不过是抓取了整个网页数量的 40% 左右。这其中有很多原因:一方面是受抓取技术所限,无法遍历所有的网页,有许多网页无法从其他网页的链接中找到;另一个原因是存储技术和处理技术的问题,如果按照每个页面的平均大小为 20K 计算,100 亿网页的容量是 100×2000G 字节,即使能够存储,下载也存在问题,如果按照一台机器每秒下载 20K 计算的话,那么需要 340 台机器不停地下载才能实现。

网络电视是怎么回事?

网络电视的英文缩写是 IPTV,意思是交互式网络电视,是一种基于宽带有线电视网,集互联网、多媒体、通讯等多种技术于一体,向家庭用户提供包括数字电视在内的多种交互式服务的崭新技术。用户在家中可以通过计算机或网络机顶盒+普通电视机两种方式享受 IPTV 服务。IPTV 是利用计算机或机顶盒+电视完成接收视频点播节目、视

一口气读懂电子常识

183

频广播及网上冲浪等功能的。

IPTV 既不同于传统模拟式的有线电视，也不同于经典的数字电视。因为传统和经典的数字电视都具有频分制、定时、单向广播等特点。尽管经典的数字电视相对于模拟电视有很多技术革新，但只是信号形式的改变，而没有触及媒体内容的传播方式。IPTV 是利用宽带有线电视网的基础设施，以家用电视机作为主要终端电器，通过互联网络协议来提供包括电视节目在内的多种数字媒体服务的。

什么是网络钓鱼？

网络钓鱼的英文名称写作 Phishing，是"Fishing"和"Phone"的综合体，由于黑客始祖最初是利用电话作案，所以用"Ph"来取代"F"，创造了"Phishing"。

"网络钓鱼"攻击是利用欺骗性的电子邮件和伪造的 Web 站点来进行诈骗活动，受骗者往往会泄露自己的财务数据，如信用卡号、账户用户名、口令和社保编号等内容。诈骗者通常会将自己伪装成知名银行、在线零售商和信用卡公司等可信的品牌，在所有接触诈骗信息的用户中，有高达 5% 的人都会对这些骗局做出反应。

反钓鱼就是防止用户被这些网站所骗，所以现在出现了反钓鱼工具和反钓鱼软件。

你可以使用这些软件更好地保护自己的个人私隐。

如何防备网络钓鱼？

防备网络钓鱼有以下几种方法：

（1）不要在网上留下可以证明自己身份的任何资料，包括手机号码、身份证号、银行卡号码等等。

（2）不要把自己的隐私资料通过网络传输，包括银行卡号码、身份证号、电子商务网站账户等资料，不要通过 QQ、MSN、E-mail 等软件传播，这些途径往往被黑客利用来进行诈骗。

（3）不要相信网上流传的消息，除非得到权威途径的证明。如网络论坛、新闻组、QQ 等，往往有人发布谣言，伺机窃取用户的身份资料等。

（4）不要在网站注册时透露自己的真实资料。例如住址、住宅电话、手机号码、自己使用的银行账户、自己经常去的消费场所等。骗子们可能利用这些资料去欺骗你的朋友。

（5）如果涉及到金钱交易、商业合同、工作安排等重大事项，不要仅仅通过网络完成，有心计的骗子们可能通过这些途径了解用户的资料，伺机进行诈骗。

（6）不要轻易相信通过电子邮件、网络论坛等发布的中奖信息、促销信息等，除非得到权威部门的证实。正规公司一般不会通过电子邮件等网络形式给用户发送中奖信息或促销信息。

什么是网络日志？

网络日志也叫"博客"，英文名称是 Blog 或 Weblog，是一种十分简易的个人信息发布方式。让任何人都可以像免费电子邮件的注册、写作和发送一样，完成个人网页的创建、发布和更新。如果把论坛(BBS)比喻成开放的广场，那么博客就是你开放的私人房间。可以充分利用超文本链接、网络互动、动态更新的特点，在你"不停息的网上航行"中，精选并链接全球互联网中最有价值的信息、知识与资源；也可以将你个人工作过程、生活故事、思想历程、闪现的灵感等及时记录和发

布,发挥你个人无限的表达力;更可以以文会友,结识和汇聚朋友,进行深度交流沟通。

什么是网络域名?

网络域名简称为域名。从技术角度来看,域名是在 Internet 上用于解决 IP 地址对应的一种方法。一个完整的域名由两个或两个以上的部分组成,各部分之间用英文的句号"."隔开,最后一个"."的右边部分称为顶级域名(TLD,也称为一级域名),最后一个"."的左边部分称为二级域名(SLD),二级域名的左边部分称为三级域名,以此类推,每一级的域名控制它下一级域名的分配。

顶级域名由美国政府控制的 ICANN 来定义和分配,分为通用顶级域名(General Top Level Domain,也称为国际域名)和国家代码顶级域名(Country Code Top Level Domain)。

通用顶级域名中向用户开放的只有.com、.net 和.org 三个通用顶级域名,由 InterNIC 来管理(目前 ICANN 委托美国 Network Solutions 公司承担 InterNIC 的运行和管理工作),国家代码顶级域名有 240 多个,它们由两个字母缩写来表示,分别代表不同的国家,.cn 是中国的国家代码顶级域名,由 CNNIC 来管理(目前中国政府委托中国科学院计算机网络信息中心承担 CNNIC 的运行和管理工作)。

从商业角度来看,域名是"企业的网上商标"。企业都非常重视自己的商标,而作为网上商标的域名,其重要性和价值也已被全世界的企业所认同。域名和商标都在各自的范畴内具有唯一性。从企业树立形象的角度看,域名和商标有着潜移默化的联系。所以,域名与商标有一定的共同特点。许多企业在选择域名时,往往希望用和自己企业商

标一致的域名。

从域名价值角度来看，域名是互联网上最基础的东西，也是一个很稀有的全球资源，无论是做 ICP 和电子商务，还是在网上开展其他活动，都要从域名开始，一个名正言顺和易于宣传推广的域名是互联网企业和网站成功的第一步。

什么是网络防火墙？

网络防火墙简称防火墙。防火墙原是汽车中一个部件的名称。在汽车中，利用防火墙把乘客和引擎隔开，以防汽车引擎着火。防火墙不但能保护乘客安全，同时还能让司机继续控制引擎。

在网络中，防火墙是指一种将内部网和公众访问网(如 Internet)分开的方法，它实际上是一种隔离技术。防火墙是在两个网络通讯时执行的一种访问控制尺度，它的作用是允许经你"同意"的人和数据进入你的网络，同时将你"不同意"的人和数据拒之门外，最大限度地阻止网络中的黑客来访问你的网络。换句话说，如果不通过防火墙，公司内部的人就无法访问 Internet，Internet 上的人也无法和公司内部的人进行信息交换。

防火墙能极大地提高一个内部网络的安全性，并通过过滤不安全的服务而降低风险。由于只有经过精心选择的应用协议才能通过防火墙，所以网络环境变得更加安全。

什么是 HTML？

HTML 是 Hyper Text Mark-up Language 的缩写，意为超文本标记语言，是 WWW 的描述语言，是由 Tim Berners-Lee 提出的。设计 HTML 语言的目的是为了能把存放在一台电脑中的文本或图形与另

一口气读懂电子常识

187

一台电脑中的文本或图形方便地联系在一起，形成一个有机的整体，人们不用考虑具体信息是在当前电脑上还是在网络的其他电脑上。这样，你只要使用鼠标在某一文档中点取一个图标，Internet 就会马上转到与此图标相关的内容上去。

HTML 文本是由 HTML 命令组成的描述性文本，HTML 命令可以说明文字、图形、动画、声音、表格、链接等。HTML 的结构包括头部 (Head)、主体(Body)两大部分。头部描述的是浏览器所需要的信息，主体包含所要说明的具体内容。

什么是电子商务?

电子商务通常指的是在全球各地广泛的商业贸易活动中，在因特网开放的网络环境下，基于浏览器/服务器应用方式，买卖双方不谋面地进行的各种商贸活动。电子商务是一种新型的商业运营模式，它可以实现消费者的网上购物、商户之间的网上交易和在线电子支付以及各种商务活动。电子商务，英文是 Electronic Commerce，简称 EC。电子商务涵盖的范围极其广泛，一般可分为企业对企业(Business-to-Business)、企业对消费者 (Business-to-Customer)、消费者对消费者(Customer-to-Customer)这三种模式。随着国内 Internet 使用人数的增加，利用 Internet 进行网上购物并以银行卡付款的消费方式已非常普遍，电子商务网站也如雨后春笋般层出不穷。

目前，国内著名的电子商务网站主要有:阿里巴巴、淘宝、亚马逊、当当、卓越、京东、VANCL 等等。

什么是网上银行?

网上银行又称网络银行、在线银行，指的是银行利用 Internet 技

一口气读懂电子常识

术,通过 Internet 向客户提供开户、销户、查询、对账、行内转账、跨行转账、信贷、网上证券、投资理财等传统服务项目,使客户足不出户就可以安全便捷地管理活期或定期存款、支票、信用卡及个人投资等。网上银行是一个在 Internet 上的虚拟银行柜台。

网上银行通常被称为"3A 银行",因为它不受时间和空间的限制,可以在任何时间(Anytime)、任何地点(Anywhere)、以任何方式(Anyhow)为客户提供金融服务。

网上银行发展的模式有两种:一种是完全依赖于互联网的无形电子银行,也叫"虚拟银行",就是没有实际的物理柜台作为支持的网上银行。这种网上银行一般只有一个办公地址,没有分支机构,也没有营业网点,采用国际互联网等高科技服务手段与客户建立密切的联系。以美国安全第一网上银行为例,它成立于 1995 年 10 月,是美国成立的第一家无营业网点的虚拟网上银行。第二种模式是在传统银行的基础上,利用互联网开展传统的银行业务交易服务,即传统银行利用互联网作为新的服务手段为客户提供在线服务,实际上是传统银行服务在互联网上的延伸,这也是目前网上银行存在的主要形式,也是绝大多数商业银行采取的网上银行发展模式。目前我国的网上银行基本都属于第二种模式。

网上银行都可以办理哪些业务?

网上银行的业务主要包括基本业务、网上投资、网上购物、个人理财、企业银行及一些其他的金融服务。

(1)基本网上银行业务

银行提供的基本网上银行服务包括:在线查询账户余额、交易记

录,下载数据,转账和网上支付等。

(2)网上投资

由于金融服务市场发达,可以投资的金融产品种类繁多,国外的网上银行一般提供包括股票、期权、共同基金投资等多种金融产品服务。

(3)网上购物

银行的网上银行设立了网上购物协助服务,这大大方便了客户网上购物。

(4)个人理财助理

个人理财助理是国外网上银行重点发展的一项服务。各大银行将传统银行业务中的理财助理转移到网上进行,通过网络为客户提供理财的各种解决方案,提供咨询建议,或者提供金融服务技术的援助,从而极大地扩大了银行的服务范围。

(5)企业银行

企业银行服务是网上银行服务中重要的组成部分。其服务品种比个人客户的服务品种更多,也更复杂,对相关技术的要求也更高,所以能否为企业提供网上银行服务是银行实力的象征之一,一般中小网上银行或纯网上银行只能部分提供,甚至完全不提供这方面的服务。

企业银行服务一般提供账户余额查询、交易记录查询、总账户与分账户管理、转账、在线支付各种费用、透支保护、储蓄账户与支票账户资金自动划拨、商业信用卡等服务。此外,部分网上银行还为企业提供网上贷款等业务。

(6)其他金融服务

大商业银行的网上银行一般会通过自身或与其他金融服务网站联合的方式,为客户提供多种金融服务产品,如保险、抵押和按揭等。

一口气读懂电子常识

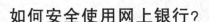

如何安全使用网上银行?

目前,网上银行已越来越深入人们的日常生活,通过网上银行,可以迅速办理查询、汇款、转账、外汇交易、基金买卖等各种金融业务。

网上银行的安全问题是很多人最为关注的焦点,目前各银行的网上银行都具备符合标准的安全系统和措施,确保客户权益能得到充分保障。比如交通银行的网上银行就采取了许多安全防范措施,主要包括:附加码校验,以防止程序测试密码攻击;卡卡转账时必须校验卡号、密码、姓名、身份证号、开卡日期或 CVV2 码;当密码、姓名、身份证号、开卡日期或 CVV2 码等任意要素累计输错 3 次时,就不能再次进行网上银行交易,必须到银行柜台凭本人身份证办理解锁手续等。

虽然网上银行的防范措施非常严密,但客户在使用网上银行时,也须注意自身的安全防范,其中主要包括:

(1)应熟记开户银行的网上银行网址,不要登录不熟悉的网上银行,输入自己的银行卡号和密码。

(2)应妥善保管自己的卡号、密码、身份证件号、开卡日期等资料,不要随手丢弃银行回单。

(3)不要使用连续数字、电话号码、生日等作为密码,设置的银行密码最好与证券等非银行密码相异。

(4)不要在网吧等公共场合使用网上银行。

(5)在自己的计算机上安装防火墙和防病毒软件,并定期更新病毒库及检测病毒。

(6)定期更新操作系统和互联网浏览器。

(7)不要随意打开可疑电邮内含的超级链接或附件,不要浏览可

一口气读懂电子常识

疑网站。

(8)切忌向他人透露自己的银行卡密码。当致电开户银行客户服务热线时,如有需要银行工作人员会请客户通过电话按键输入查询密码以确认身份,这时切勿在电话中口头说出您的密码,银行工作人员也不会通过电话提出此类要求。

(9)如果收到可疑电子邮件或电话,要求你提供客户资料,应避免任何操作,并立即通知开户银行。

(10)如有疑问,或想举报可疑的电子邮件信息等等,应及时与开户银行的客户服务中心联系。

目前国内有哪几种主流即时通讯工具?

目前国内即时通讯产品的市场竞争异常激烈,以腾讯 QQ,微软 MSN,网易 POPO 等最为典型。

(1)腾讯 QQ

目前,腾讯 QQ 已成为国内用户最多的个人即时通讯工具,占据着国内约 65%以上的市场。

腾讯 QQ 是由深圳市腾讯计算机系统有限公司开发的一款以 Internet 为技术基础的即时通信(IM)软件,我们可以使用 QQ 和朋友进行文字信息交流、语音视频聊天等等。此外 QQ 还具有手机聊天、bp 机网上寻呼、聊天室、共享文件、QQ 邮箱、网络收藏夹、发送贺卡等多种功能。QQ 不仅是简单的即时通信软件,它与全国多家寻呼台、移动通信公司合作,实现了传统的无线寻呼网、GSM 移动电话的短消息互联,是国内最为流行、功能最强的即时通信(IM)软件。同时,QQ 还可以与移动通讯终端、IP 电话网、无线寻呼等多种通讯方式相连接,从而使

一口气读懂电子常识

QQ 成为一种方便、实用、高效的即时通信工具。

(2)微软 MSN

MSN 全称是 Microsoft Service Networ，即微软网络服务，是微软公司开发的即时聊天工具，通过它，你可以与亲人、朋友、工作伙伴或者陌生人进行文字聊天、语音对话、视频会议等即时交流，还可以通过此软件来查看联系人是否联机。微软 MSN 移动互联网服务提供包括手机 MSN(即时通讯 Messenger)、必应移动搜索、手机 SNS(全球最大 Windows Live 在线社区)、中文资讯、手机娱乐和手机折扣等多种创新移动服务，满足了用户在移动互联网时代的沟通、社交、出行、娱乐等多种需求，在国内拥有大量的用户群。

由于微软产品用户众多，操作简单，运行稳定，且与 Windows XP 进行了无缝结合，使得 MSN 的普及速度非常快，现在已经是世界主流的聊天工具，在国内即时通讯市场上已稳居第二的位置，仅次于腾讯 QQ。

(3)网易 POPO

网易 POPO 是由网易公司开发的一款免费多媒体即时通讯工具，可谓即时通讯软件中杀出的一匹"黑马"，虽然推出时间不长，但 POPO 融合了 QQ 与 MSN 的优点，解决安全和隐私问题的功能非常完善，特别是好友的权限设置功能，优于其他即时通讯软件。POPO 既有即时文字聊天、语音通话、视频对话、文件传输等基本即时通讯功能，还提供邮件提醒、多人兴趣组、在线及本地音乐播放、网络电台、发送网络多媒体文件、网络文件共享、自定义软件皮肤等多种功能，并且可与移动通讯终端等多种通讯方式相连。用户还可以设置在下线时将收到的信息转发到手机上。另外，POPO 还支持用户同时登录一个 MSN 账户，实现了与 MSN 的互通互联。

一口气读懂电子常识

193

(4)新浪 UC

新浪 UC 是新一代开放式即时通讯娱乐平台,它采用自由变换场景、个性在线心情等人性化设计,配合视频电话、信息群发、文件互传、在线游戏等使用户在聊天的同时能边说、边看、边玩,从而给用户带来前所未有的聊天新感觉。同时,UC 还为用户提供 1Gb 的免费邮箱空间、128 Mb 的网络硬盘和每日 15 条、每月 450 条的免费手机短信服务,UC 最大的优势就是绝大部分功能是免费的,所以在国内市场上所占的份额也越来越大。

(5)雅虎通

雅虎通免费提供消息服务,允许用户与朋友、家人、同事及其他人进行即时的交流。用户只需麦克风、扬声器或耳机,就能轻松地与好友语音通话,并且设有语音留言和呼叫记录。即使用户不在线,也可以收到好友的语音留言。目前雅虎通有些操作还是英文说明,这限制了雅虎通在中国的进一步发展。

(6)ICQ

ICQ 是 1996 年 11 月在全世界范围推出的第一款即时通讯软件,是现在功能最强大、全球用户最多、应用最广泛的即时通讯工具。但是,由于它的操作和设置比较复杂,再加上是全英文的聊天界面,使许多中国用户对它望而生畏,因此在中国市场上所占的份额很小。